足迹

北京土壤学会62年

1957—2019

刘宝存　张有山　主编

中国农业出版社
北　京

内容简介

本书是在广泛征集和系统总结北京土壤学会1957—2019年历史资料的基础上编辑完成，旨在反映北京土壤学会发展历程。全书分六章：第一章概述了北京土壤学会创建以来的发展足迹；第二、三、四、五章选录了北京土壤学会开展学术交流、服务首都农业发展、助力科技兴农和青年人培养的历史业绩；第六章收录了20位先生撰写的回顾文章；附录还展示了学会获奖、荣誉和活动剪影。

本书是北京土壤学会62年历史的再现，也是北京土壤学会从创建至今的一部完整发展史。这对老一辈科学家是一个历史的重温，对未来土肥事业发展是一种传承，对新时代土壤科技工作者坚守科学精神、优化学风环境、营造学术氛围、树立严谨求实作风具有重要的启迪意义。

编 委 会

序

PREFACE

北京土壤学会在李连捷、朱莲青、张乃凤、刘培桐等老一辈土壤学家的倡议下于1957年成立，至今已经历了62个春秋。

学会成立之初，正处于我国第一个五年计划的后期，全国正在掀起社会主义经济建设高潮。北京土壤学会全体会员以极大的热情投入到国家建设的洪流之中，通过组织各种活动，为首都的经济建设出谋划策、贡献力量，在北京农业发展中发挥了重要作用。

北京市两次土壤普查工作，学会无论从组织队伍、培训技术骨干，还是制定普查的实施方案、技术规范、试点细则等均起到了引领作用。自学会成立以来，组织国内外学术交流专题研讨、科技咨询，到生产第一线考察调研、办培训班、举办青年论文比赛等活动达上千次，直接参与人数超万人。学会注重扩展视野，加强与本市兄弟学会、省际学会、国际同行之间的业务往来与学术交流，彰显了学会的活力和影响力。学会发挥人才与科技优势，承担政府委托和购买技术服务项目，积极组织社会资源、加强科技创新与诚信服务，提升学会社会认知度。

值此北京土壤学会成立62年和第十三届会员代表大会召开之际，学会编辑出版《足迹　北京土壤学会62年　1957—2019》一书，一是反映学会成立以来的发展历程，使广大会员特别是年轻会员了解和领会北京土壤学会成立和发展的历史与初心；二是传承和发扬老一辈科学家为发展土壤事业、奋发图强、坚韧不拔的创业精神；三是记录和抢救北京土壤学会的发展资料，使珍贵的历史传以后人。书中用文字和图片形式回顾62年北京土壤学会的主要活动，记录学会历次会员代表大会的概况和学术交流、科技下乡、为政府决策服务等，同时也选登了部分老科学家对北京土壤学会的追忆与建言。

回顾历史，让我们不忘北京土壤学会辉煌的过去，更加珍惜学会发展的今天。要清醒地认识到我们土肥科技工作者所肩负的责任，为首都的经济社会和生态环境建设做出更大贡献，为都市型现代农业科技创新与可持续发展再立新功！

祝贺北京土壤学会建会62周年，祝愿北京土壤学会踏着光辉的足迹、再创辉煌。

中国植物营养与肥料学会理事长

2020年6月

前言

FOREWORD

北京土壤学会是由北京市土壤科技工作者和相关业务单位自愿组成，并依法在北京市民政局注册的地方学术性、非营利性的社会团体，隶属北京市科学技术协会管理、监督，业务受中国土壤学会、中国植物营养与肥料学会指导的独立法人单位。主要工作内容是服务土壤科技工作者、促进专业学术交流和土壤肥料科学技术的普及与推广，动员和组织广大会员为首都经济、社会、农业发展贡献力量。

北京土壤学会成立于1957年，遵循自愿加入的原则，依法依章办会、民主办会，是北京土肥工作者活动的平台，是同行科技人员之家，是所有土肥人的驿站。北京土壤学会历时62年，有5位理事长、主持了12届理事会，在全国省（市）级土壤学会中是成立较早、人才密集、影响巨大的地方学会。

在《足迹　北京土壤学会62年　1957—2019》这本书之中，回顾了将毕生精力献给中国土壤科学事业的李连捷先生、毛达如先生的业绩，见证了老一辈土壤学家为北京土壤学会创建与发展呕心沥血的历史。1958年和1980年的北京市两次土壤普查工作，北京土壤学会从组织队伍、培训人员、制定方案等方面在全国起到了试点、示范和引领的作用。学会的"足迹"对我们新时代土壤科技工作者坚守科学精神、优化学风环境、营造学术氛围、树立严谨求实作风具有重要的启迪意义。

全书分六章，其中第一章概述了北京土壤学会创建以来的发展历程；第二至五章选录了北京土壤学会开展学术交流、服务首都农业发展、助力科技兴农和青年人培养的历史业绩；第六章收录了20位先生撰写的回顾文章。因前两任理事长已故和特殊时期造成的档案缺失，北京土壤学会第六届会员代表大会以前的文字内容主要是由前辈们追忆抢救、补充完善而成，弥足珍贵。该书是北京土壤学会62年历史的再现，也是从创建到今日的一部完整的学会发展史。今天我们出版《足迹 北京土壤学会62年 1957—2019》一书，对老一辈科学家更加充满敬意，对未来土肥事业发展是继往开来的传承。

本书在编写过程中得到了中国植物营养与肥料学会、中国土壤学会、中国农业大学、中国农业科学院、北京市农林科学院等单位及相关专家的大力支持，有28位土肥科技工作者参与了编著，特别是老一辈科学家对本书的编写做出了重要贡献。中国植物营养与肥料学会理事长白由路先生在百忙中为本书作序，在此一并表示衷心的感谢！

由于作者水平和文献资料有限，难免存在遗漏与错误之处，敬请读者批评指正。

编著者

2020年9月

目 录

CONTENTS

附录1

附录2

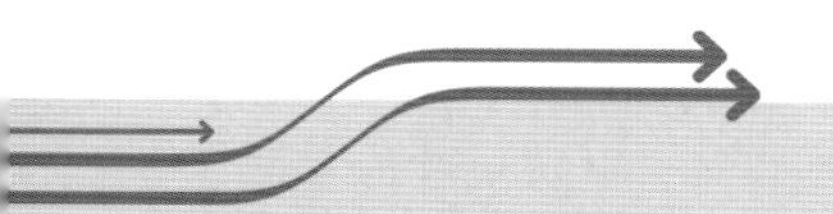

第一章 北京土壤学会成立与发展

一、学会成立背景及第一届会员代表大会

1945—1954年为中国土壤学会的初创时期。1954年7月16日于北京召开的中国土壤学会第一届全国会员代表大会，正式宣告成立中国土壤学会。中国土壤学会的成立标志着中国土壤科学走上了新的历史阶段，使我国的土壤科学研究方向和任务发生了重大转折，由原来的自由研究方向转变为为中国经济建设服务的方向，极大地激发了广大科技人员把知识献给祖国的热情。

我国第一个五年计划（简称“一五”计划）时期（1953—1957年），以“集中力量进行工业化建设”和“加快推进各经济领域的社会主义改造”作为核心计划任务。在社会主义改造方面，“一五”计划确立：要建立对农业、手工业、私营工商业社会主义改造的基础。在党的领导下，全国掀起了社会主义改造的高潮，各行各业都积极投入到首都的经济建设中。以李连捷、朱莲青、张乃凤为首的老一辈土壤学家为了响应当时国家对土壤工作的号召，更好地动员广大土壤科学工作者为首都的农业社会主义改造服务，在中国土壤学会第一届全国会员代表大会召开的鼓舞下，开始酝酿成立北京土壤学会。

1957年，李连捷、朱莲青两位先生从西北、东北等地完成土壤调查工作回到北京，重提成立北京土壤学会一事。同年北京土壤学会筹备小组成立，经过多方协商，征得北京市科学技术委员会同意，在1957年7月召开了北京土壤学会第一届会员代表大会，正式宣告北京土壤学会成立。在第一届会员代表大会上，筹备小组组长李连捷先生作了报告，报告中重点阐述了成立北京土壤学会的目的意义，并号召全市的土壤科学工作者要充分发挥土壤科学在国民经济建设中的作用，为首都的社会和农业发展贡献力量。李先生指出，学会今后的任务是团结全市土壤科学工作者开展学术活动，做好科普宣传、科技咨询、科学考察、技术培训等工作，为繁荣首都的土壤科学技术事业，促进土壤科技战线出成果、出人才，为首都社会主义建设发挥更大作用。

北京土壤学会是全国较早成立的省（市）级土壤学会之一，集中了当时国内土壤学科一批高水平的科技人才。为此，中国土壤学会希望北京土壤学会为其他省（自治区、直辖市）尽快成立土壤学会做个表率，起个带动作用，并能分担中国土壤学会部分职能。另外，考虑到北京土壤学会中的团体会员有不少是隶属于中央或国家机关的科研单位和大专院校，为了更好地开展工作，避免局限于北京市域的属性，故定名为“北京土壤学会”，而非“北京市土壤学会”。

北京土壤学会第一届会员代表大会通过了学会章程，选举产生了第一届理事会、理事长、副理事长、秘书长，并组成了专业委员会，确定了专业委员会负责人，建会初期共有会员50人。

二、学会章程

学会章程是学会性质、宗旨、组织、任务和管理等的规范条例，反映学会的总体面貌。从1957年北京土壤学会成立至今，历届章程的制定和修改也是学会发展历程的重要体现。本章程是第十二届会员代表大会通过的章程。

第一章　总则

第一条　本团体定名为：北京土壤学会（英文名称是：Soil Science Society of Beijing，缩写SSSB）。

第二条　本团体由北京地区土壤科学技术方面的专家、学者自愿联合发起成立，是经北京市社会团体登记管理机关核准登记的非营利性社会团体。

第三条　本团体的宗旨是：团结广大土壤科学技术事业工作者，开展学术活动、科普活动、科技咨询、科学考察、举办各种培训班，为繁荣首都的土壤科学业技术事业、促进土壤科技战线出成果、出人才，为首都两个文明建设发挥更大作用。本团体遵照国家宪法、法律、法令和政策开展各种活动，遵守社会道德风尚，维护国家的根本利益，促进经济发展和社会进步。

第四条　本团体接受业务主管单位北京市科学技术协会、社会团体登记管理机关、北京市民政局的业务指导和监督管理。

第五条　本团体的办公住所：北京市海淀区板井村北京市农林科学院植物营养与资源研究所。

第二章　业务范围

第六条　本团体业务范围：

（一）积极开展学术交流，组织学术会议和科学考察活动；

（二）编辑出版学术书刊和论文集；

（三）大力普及科学技术知识，积极传播先进生产技术经验；

（四）对国家发展科学技术的方针政策和重点课题发挥积极作用，并提出合理化建议；

（五）积极开展国际学术交流活动，加强同国外科学技术交流和科学技术工作者的友好联系；

（六）根据首都经济建设和科学发展的需要，开展技术咨询，技术服务，举办各种培训班、讲习班或进修班；

（七）发扬“尊重知识，尊重人才”的社会风尚，举荐人才，推荐、奖励优秀学术论文和科普作品。

第三章　会员

第七条　本团体由个人会员和单位会员组成。

第八条　申请入本团体的会员，必须具备下列条件：

（一）拥护本团体章程；

（二）有加入本团体的意愿；

（三）在本团体的业务领域内具有一定的影响。

第九条　会员入会的程序是：

（一）提交入会申请书；

（二）经常务理事会讨论通过；

（三）由理事会颁发会员证。

第十条　会员享有下列权利：

（一）选举权和被选举权及表决权；

（二）参加团体的活动权；

（三）获得本团体服务的优先权；

（四）对本团体工作的批评建议和监督权；

（五）入会自愿、退会自由。

第十一条　会员履行下列义务：

（一）执行本团体的决议；

（二）维护本团体合法权益和声誉；

（三）完成本团体交付的任务；

（四）按规定交纳会费；

（五）向团体反映情况，提供有关资料。

第十二条　会员退会应书面通知本团体，并交回会员证。会员一年不交纳会费或不参加本团体活动，视为自动退会。

第十三条　会员如有严重违反本章程的行为，经理事会或常务理事会表决通过，予以除名。

第四章　组织机构

第十四条　本团体的最高权力机构是会员代表大会，其主要职责是：

（一）制定和修改章程；

（二）选举和罢免理事和监事；

（三）审议理事会、监事会的工作报告；

（四）决定团体的重大变更和终止事宜；

（五）制定和修改会费标准；

（六）决定其他重大事宜。

第十五条　会员代表大会每年至少召开一次会议。会员代表大会须有2/3以上的会员代表出席方能召开，其决议须经到会会员2/3以上表决通过方能生效。

第十六条　会员代表大会每届四年。召开会员代表大会30日前，应将换届准备材料送至业务主管单位和社会团体登记管理机关审查，确认符合换届条件后方可召开。因特殊情况需提前或延期换届的，须由理事会表决通过，报业务主管单位审查并经社会团体登记管理机关批准同意。但延期换届最长不超过一年。

第十七条　理事会在会员代表大会闭会期间执行会员代表大会的决议，领导本团体开展日常工作，对会员代表大会负责。

第十八条　理事会的职责是：

（一）执行会员代表大会的决议；

（二）选举和罢免理事长、副理事长、秘书长；

（三）筹备召开会员代表大会；

（四）向会员代表大会报告工作和财务状况；

（五）决定会员的吸收或除名；

（六）决定办事机构、分支机构、代表机构、实体机构的设立和办公住所的变更；

（七）决定副秘书长、各机构主要负责人的聘任；

（八）领导本团体各机构开展工作；

（九）制定内部管理制度；

（十）接受监事会提出的对本团体违纪问题的处理意见，提出解决办法并接受其监督。

第十九条　理事会须有2/3以上理事出席方能召开，其决议须经到会理事2/3以上表决通过方能生效。

第二十条　理事会每年至少召开一次会议。

第二十一条　本团体设立常务理事会，由20名常务理事组成。常务理事从理事中选举产生。常务理事会在理事会闭会期间行使下列职权，并对理事会负责：

（一）执行会员代表大会的决议；

（二）筹备召开会员代表大会；

（三）决定会员的吸收或除名；

（四）决定办事机构、分支机构、代表机构、实体机构的设立和办公住所的变更；

（五）决定副秘书长、各机构主要负责人的聘任；

（六）领导本团体各机构开展工作；

（七）制定内部管理制度；

（八）接受监事会提出的对本团体违纪问题的处理意见，提出解决办法并接受其监督。

常务理事会与理事会任期相同，与理事会同时换届。

第二十二条　常务理事会须有2/3以上常务理事出席方能召开，其决议须经到会常务理事2/3以上表决通过方能生效。

第二十三条　常务理事会至少半年召开一次会议。

第二十四条　本团体的理事长、副理事长、秘书长必须具备下列条件：

（一）坚持党的路线、方针、政策，政治素质好；

（二）在本团体业务领域内有较大影响；

（三）最高任职年龄不超过70周岁，秘书长为专职；

（四）身体健康，能坚持正常工作；

（五）未受过剥夺政治权利的刑事处罚；

（六）具有完全民事行为能力。

第二十五条　本团体的法定代表人为理事长。本团体的法定代表人不得同时担任其他社会团体的法定代表人。理事长任期不超过两届。

第二十六条　本团体理事长行使下列职权：

（一）召集和主持理事会和常务理事会；

（二）检查会员代表大会、理事会或常务理事会决议的落实情况；

（三）代表本团体签署有关重要文件。

第二十七条　本团体秘书长行使下列职权：

（一）主持办事机构开展日常工作，组织实施年度工作计划；

（二）协调各分支机构、代表机构、实体机构开展工作；

（三）提名副秘书长以及各办事机构、分支机构、代表机构和实体机构主要负责人，交理事会或常务理事会决定；

（四）决定办事机构、代表机构、实体机构专职工作人员的聘用；

（五）处理其他日常事务。

第二十八条　本团体设监事会，由3人组成，由会员代表大会选举产生，向会员代表大会负责。其主要职责是：

（一）选举产生监事长；

（二）出席理事会和常务理事会；

（三）监督本团体及领导成员依照《社会团体登记管理条例》和有关法律、法规开展活动；

（四）督促本团体及领导成员依照核定的章程、业务范围及内部管理制度开展活动；

（五）对本团体成员违反本团体纪律，损害本团体声誉的行为进行监督；

（六）对本团体的财务状况进行监督；

（七）对本团体的违法违纪行为提出处理意见，提交常务理事会监督其执行。

第五章　资产管理

第二十九条　本团体经费来源：

（一）会费；

（二）捐赠；

（三）政府资助；

（四）在核准的业务范围内开展活动或服务的收入；

（五）利息；

（六）承担各级项目经费；

（七）其他合法收入。

第三十条　本团体按照会员代表大会制定或修改的会费标准收取会员会费。

第三十一条　本团体经费必须用于本章程规定的业务范围和事业的发展，不得在会员中分配。

第三十二条　本团体建立严格的财务管理制度，保证会计资料合法、真实、准确、完整。

第三十三条　本团体配备具有专业资格的会计人员。会计不得兼任出纳。会计人员必须进行会计核算，实行会计监督。会计人员调动工作或离职时，必须与接管人员办清交接手续。

第三十四条　本团体的资产管理执行国家规定的财务管理制度，接受会员代表大会和有关部门的监督。资产来源属于政府拨款或者社会捐赠、资助的，必须接收审计机关的监督，并将有关情况以适当方式向社会公布。

第三十五条　本团体换届或更换法定代表人之前必须接受社会团体登记管理机关和业务主管单位组织的财务审计。

第三十六条　本团体的资产任何单位、个人不得侵占、私分和挪用。

第三十七条　本团体专职工作人员的工资和保险、福利待遇，参照国家对事业单位的有关规定执行。

第六章　终止程序

第三十八条　本团体完成宗旨、自行解散或由于分立、合并等原因需要注销的，由理事会或常务理事会提出终止动议。

第三十九条　本团体终止动议须经会员代表大会表决通过，并报业务主管单位审查同意。

第四十条　本团体终止前，须在业务主管单位及有关机关指导下成立清算组织，清理债权债务，处理善后事宜。清算期间，不得开展清算以外的活动。

第四十一条　本团体经社会团体登记管理机关办理注销登记手续后即为终止。

第四十二条　本团体终止后的剩余财产，在业务主管单位和社会团体登记管理机关的监督下，按照国家有关规定，用于发展与本团体宗旨相关的事业。

第七章　附则

第四十三条　本章程经2016年7月9日会员代表大会表决通过。

第四十四条　本章程的解释权属本团体的理事会。

第四十五条　本章程自社会团体登记管理机关核准之日起生效。

三、历届理事长简介

（一）李连捷

李连捷（北京土壤学会第一、二、三届理事长），男，河北省玉田县人。生于1908年6月17日，卒于1992年1月11日，享年84岁。土壤学家、农业教育家，中国土壤学学科创始人之一，中国科学院院士。1927年考入山东齐鲁大学医学院，1928年转入北平燕京大学理学院，1932年毕业后应聘于中央地质调查所，1940年被派往美国考察水土保持并于田纳西大学农学院深造，1941年获得理学硕士学位后，入伊利诺伊大学农学院继续深造，并于1944年获得哲学博士学位。

李连捷

李连捷回国后，被聘为中央地质调查所研究员，并与侯光炯、马溶之、熊毅、李庆逵等人共同发起成立了中国土壤学会，1945年李连捷当选为第一届理事会理事长。1949年后，历任北京农业大学（现中国农业大学）土壤农业化学系教授（1956年被评为一级教授）、博士研究生导师、研究院副院长、中国农业遥感培训及应用中心主任。1955年，被选为中国科学院首批院士（学部委员）。还曾兼任中国土壤学会理事长等职。

（二）毛达如

毛达如

毛达如（北京土壤学会第四、五、六届理事长），男，江苏省常州人。生于1934年4月27日，卒于2016年1月7日，享年82岁。植物营养与肥料学家、农业教育家。1952年考入北京农业大学土壤农业化学系，毕业后留校工作，历任土壤农业化学系副主任、校长助理、副校长、校长，农业部教育司司长，兼任中国土壤学会第七、八、九届副理事长，第九、十届全国人大代表，第十届人大常务委员。

毛达如是著名的植物营养与肥料学家，他将有机肥料资源化利用和生物能源开发结合起来，尤其对于猪粪等的堆腐发酵过程提出理论见解。1982年出版了《有机肥料》一书。毛达如教授是中国农业大学与德国霍恩海姆大学国际合作主要发起人和主持人，促成长达10年（1984—1994年）的合作研究(CIAD项目)，引进消化吸收了25项成果。

他是著名的农业教育家，提出了拓宽专业口径的"基础+模块"人才培养新模式。获得国家、省（部）级科技进步奖8项，"外国专家工作"成果奖1项。发表论文60余篇，参与论文79篇，著作7部，培养博士后、博士和硕士研究生41名。

（三）黄鸿翔

黄鸿翔

黄鸿翔（北京土壤学会第七、八届理事长），男，1940年生，江西省泰和县人。1962年毕业于兰州大学地质地理系自然地理专业，分配至中国农业科学院土壤肥料研究所（以下简称土肥所）工作，1992年晋升研究员。1987—1991年任土肥所科研处处长，1991—2001年任土肥所副所长，1988—2012年任《土壤肥料》（后更名为《中国土壤与肥料》）杂志主编。曾任北京市政协第八、九届委员会委员，全国政协第十、十一届委员会委员，北京土壤学会名誉理事长，中国土壤学会常务理事，中国植物营养与肥料学会秘书长、常务理事、学术顾问，中国农村专业技术协会专家委员会主任委员。

长期从事土壤资源调查与利用方面的科学研究工作。1974年开始主持全国性的科研协作组，并在1978—1994年的全国第二次土壤普查工作中，担任技术顾问、全国汇总编委会副主任兼编图组组长，参与起草并汇总定稿了全国第二次土壤普查技术规程，主编了我国第一部1：100万《中国土壤图集》以及1：400万《中国土壤系列图》；共获得各级科技成果奖励13项，主笔或参与编写科技专著20部，发表科技论文40余篇，并撰写了《中国大百科全书》（第二版）中的全部土壤条目。1993年起享受国务院特殊津贴，1994年被农业部授予农业部先进工作者。

（四）李保国

李保国（北京土壤学会第九、十届理事长），男，1964年生，山西省襄汾县人。教育部“长江学者奖励计划”特聘教授。

李保国

李保国的科研工作主要集中在土壤过程的定量化及其在农业、资源利用和环境保护中的应用，先后承担主持国家自然科学基金重大项目、国家重点基础发展规划项目（973）、国家高技术研究发展计划（863计划）项目、国家重点科技攻关项目等各类课题20余项；发表文章170余篇，其中在《Water Resources Research》《Soil Science》《Geoderma》等国际土壤和水学科著名杂志发表6篇，被SCI、EI、ISTP收录论文27篇；出版教科书及专业书籍5部。

李保国作为主要研究者完成的“区域水盐运动监测预报”成果，1992年获国家教育委员会（甲类）一等奖，1993年荣获国家科技进步特等奖；1993年入选首批国家教育委员“跨世纪人才计划”；1995年其专著《区域水盐运动监测预报》获全国优秀科技图书二等奖；1999年节水农业应用基础研究成果获农业部科技进步二等奖（甲类，排名第一）；1997年获得北京市第十一届“五四”奖章、国务院政府特殊津贴；2001年获第七届中国农学会青年科技奖；2004年获首届“中国土壤学会奖”。

（五）徐明岗

徐明岗

徐明岗（北京土壤学会第十一、十二届理事长），男，1961年生，博士，研究员。中国土壤学会副理事长，农业农村部耕地质量建设专家组组长，《中国土壤与肥料》杂志主编，《热带作物学报》副主编，中国农业科学院现代农业土壤学一级岗位杰出人才，中国农业科学院“土壤改良与培肥”创新团队首席专家。

1994—1996年于中国科学院南京土壤研究所从事土壤化学方面的博士后研究，1996—2017年在中国农业科学院土壤肥料研究所、农业资源与农业区划研究所从事土壤培肥与改良研究，历任土壤研究室主任、祁阳红壤试验站站长、农业资源与农业区划研究所副所长等职。2017年后在中国热带农业科学院南亚热带作物研究所工作，任所长。长期从事土壤肥力演变与培肥及退化土壤修复研究，他从参与到引领，组建形成了我国29省份42个长期试验网、362个农户长期监测网络，积累连续监测数据150万条，累计保存土壤-植物样品9万个，构建了中国农田土壤肥料长期试验网络，推动了我国耕地质量监测和土壤学研究原始创新。引领我国耕地质量长期试验网。近10年来，先后获国家科技进步二等奖3项，省部级一等奖2项；以第一或通讯作者发表论文192篇，其中SCI论文58篇，出版专著6部，其中《中国土壤肥力演变（第二版）》获第六届中华优秀出版物（图书）奖。获周光召基金会首届“农业科学奖”、获2018年度美国农学会农业科学奖、2019年度联合国粮农组织（FAO）格林卡世界土壤奖，该奖项被称为土壤学界的“诺贝尔奖”。

四、历届会员代表大会会议纪要

（一）第一届会员代表大会会议纪要

1957年7月召开北京土壤学会第一届会员代表大会，宣告北京土壤学会正式成立。在会上，筹备小组组长李连捷先生作了报告。在报告中李先生重点阐述了成立北京土壤学会的目的意义，号召全市的土壤科学工作者要充分发挥土壤科学在国民经济建设中的作用，为首都的社会和农业发展贡献力量，并提出了学会今后的工作方向和任务。

大会制定了学会会章，选举产生了理事会，组建了土壤、植物营养、环保微生物、理化测试4个学科专业组。

第一届理事会：

理事长：李连捷；

副理事长：朱莲青、张乃凤、刘培桐、彭克明；

秘书长：徐叔华。

（二）第二届会员代表大会预备会议纪要

1962年我国正处于经济困难时期，召开大会有诸多不便，故没有正式召开第二届会员代表大会。

1962年6月，在皇姑坟召开了北京第一次土壤普查工作总结会暨北京土壤学会第二届会员代表大会预备会议。到会的有北京农业大学（现中国农业大学）李连捷、李酉开、彭克明、林培，北京师范大学刘培桐、李天杰，北京师范学院（现首都师范大学）霍亚贞、李增彬等。会议由时任北京市农业科学院（现北京市农林科学院）院长徐督主持。

作为北京第一次土壤普查工作的主要负责人，徐督院长指出：本次土壤普查工作查清了全市所有耕地土壤的类型和面积；通过对主要类型土壤的理化性质测定与分析，对不良土壤（沙、碱、黏）的面积做到了心中有数；制作了市县乡三级的土壤图、土壤改良利用分区图等图件，为北京制定经济发展规划，因土布局作物种植提供了重要科学依据。这次土壤普查中北京土壤学会发挥了重要作用，从组织上、技术上做了大量工作，在组织方面动员了科研单位、大专院校的科研人员和在校学生300多人，在技术上取得了中国科学院土壤队的热情支持，制定了普查技术规程、方法和步骤。徐督院长还建议下一届学会理事要增加名额，专业要扩大，以更好地适应首都社会与农业发展的需求。

会上，李连捷等老一辈土壤学家初步酝酿了下一届理事会理事人选及分工，专业方面除土壤地理专业外还扩充了肥料、土壤改良、水土保持等。

第二届理事会：

理事长：李连捷（继任）；

副理事长：张乃凤、朱莲青、徐淑华、彭克明；

秘书长：徐督。

（三）第三届会员代表大会会议纪要

北京土壤学会第三届会员代表大会于1978年5月召开，出席会议代表65人，北京市科学技术协会学会部张长江到会指导，北京市农业生产资料公司总经理马达到会祝贺，同时为表达对学会的支持，北京市农业生产资料公司承担了本次会议的全部费用。

大会由李连捷教授代表上届理事会做工作报告。他说："在不久前召开的全国科技大会迎来了科学的春天，春天的号角吹响了祖国大地，学会的工作得以恢复，我们才能够召开今天的代表大会，我们要珍惜来之不易的时机，努力把学会工作做好，以实际行动报效祖国。上一届（1962—1976年）正处于我国的困难时期，各方面工作都受到了一定的影响，但是我们学会还是尽其所能地开展了多项工作。"

学会组织科技人员与北京市农业机械学会合作，制造了简易的碳酸氢氨施肥机，解决了碳酸氢铵使用中的烧苗问题；针对京郊土壤普遍缺磷，而进口磷矿粉直接施用效果不好等问题，学会与北京市农业科学院（现北京市农林科学院）联合在顾庄基地开展提高磷矿粉肥效研究，经过试验，成功推广了磷矿粉与有机肥混合堆肥的技术，对当时推广磷矿粉发挥了很大作用；学会与首都师范大学地理系、北京市农业科学院土壤室联合攻关，提出了"深耕浅盖""大水压盐""躲盐巧种"等保苗配套技术，成功育成田菁1号、田菁2号、田菁3号等适于北方生长的新品种，作为盐碱地的先锋作物；1963年，王关禄先生在北京市科学技术协会举办的全市学术报告会上做了学术报告。

代表们对理事长的报告进行了热烈讨论，认为在当时的条件下，学会克服了人才不足的困难，开展了多项活动，并收到了良好效果，实属不易，希望学会今后能借科学春天的春风，以新的姿态，下更大的功夫组织全体会员努力拼搏，打开学会工作新局面，为首都的农业发展做出应有的贡献。

第三届理事会：

理事长：李连捷（继任）；

副理事长：徐督、朱莲青、张乃凤、李孝芳、林培；

秘书长：刘立伦。

（四）第四届会员代表大会会议纪要

北京土壤学会第四届会员代表大会暨1982年学术年会，于1982年 8月20日在中国农业大学召开。

会议回顾并总结了三年来学会工作的经验和教训，提出了今后土壤学会工作的方向和重点任务。从总体看，学会三年做了不少工作，有很大的成绩，这与领导的关怀，以及广大会员、土壤肥料科技工作者的支持和积极参与分不开。但学会工作还存在着机构不健全、工作不平衡，以及赶不上新形势下提出的新需要和新要求等诸多不足。因此，学会工作今后还需更加努力。

本次会议共提交学术论文75篇（其中有42篇在大会和分组会议上进行了交流），论文内容比较广泛，论文质量也有所提高。论文数量比较集中的方向有：土壤资源评价、肥料试验（包括微量元素）、培肥改土以及林业土壤研究。其他提及的研究方向还有：盐碱土壤改良利用、土壤侵蚀和遥感新技术的应用等。

会议选举出第四届北京土壤学会理事会成员，调整和健全了学会组织机构，组织机构包括：

（1）学术委员会、组织委员会、科普工作委员会；

（2）土壤肥料科技咨询服务部、国际学术交流联络部；

（3）学科专业组：土壤资源专业组、植物营养专业组、土壤环境保护专业组、土壤管理专业组、土壤测试专业组。

今后将以学会专业组分别开展活动。

在北京市科学技术协会的领导下，经过较长时间的酝酿，上下结合、民主协商，最后由出席会议的会员代表选出27人组成的、平均年龄54岁的新理事会。在新理事会上，选举产生了理事长、副理事长。

会上参会会员对如何开创土肥工作新局面，为京郊农业现代化做贡献，提出了许多口头的和书面的积极建设性意见和建议。如加强土壤污染及测试研究，组织学术报告加快知识更新，开展数理统计在农业方面应用系列学术讲座，加快土壤学新知识普及，探讨新型肥料研发，帮助密云县加快农作物产量翻番等。

在此基础上，今后学会准备开展工作的重点如下：

（1）加强土壤肥料基础性研究。北京地区是国内外土壤学界关注的地方，但北京土壤方面的基础研究是很薄弱的，截至目前，北京地区尚没有一幅令人满意的土壤图。此外，合理施肥、复合肥料、磷肥肥效、培肥改土、土壤测试等也要开展有关方面的基础研究。

（2）开展土肥科技咨询服务工作。这是在新形势下能否开创新局面的一项重要工作，需要逐步积极开展。

（3）培养人才，举办各种形式的培训班，也是科学普及、科普下乡等方面的重要工作。

（4）加强国内、国际间的学术交流，学术委员会要把开展国际学术交流作为一项重要任务。

（5）在学会今后的活动中，抓住北京存在的主要问题，如山区综合利用、中低产区的土壤提升、土壤环境保护、肥料试验、培肥改土、土壤测试。学会各专业组以及与其他学科学会要协同作战，共同攻关。

在第四届会员代表大会上，适逢李连捷等4位老先生从事土壤肥料科学活动50周年。北京市科学技术协会和有关单位领导一起向4位老先生表示了热烈祝贺和敬意。“四老”高兴的先后向大家畅谈了他们从事土壤科学活动50年的经验教训、感想和体会，提出了对今后开展土壤肥料工作的意见和对中青年的希望，使与会同志受到了很大启发和深刻的教育。

第四届理事会：

理事长：毛达如；

副理事长：张乃凤、朱莲青、李孝芳；

秘书长：刘立伦、蒋有绎（后期）。

（五）第五届会员代表大会会议纪要

北京土壤学会第五届会员代表大会于1986年4月在北京香山召开，到会代表80多人，北京市科学技术协会学会部张长江同志到会，会期两天。

首先由毛达如理事长代表上届理事会做工作报告。他首先回顾了前四年学会在北京市科学技术协会的领导下，在全体会员的积极支持与参与下，开展了多项活动，并在学术交流、科技咨询、下乡考察等方面取得了良好效果，为首都社会与农业发展做了卓有成效的工作，取得了北京市科学技术协会的好评和农民的赞许。

北京土壤学会名誉理事长李连捷院士、北京市农林科学院土壤肥料研究所土壤专家张国治带领青年人多次到门头沟区斋堂镇西范沟农场考察，他们不畏天气炎热，踏坡登高参观牧场，主动为农场联系牛羊良种，对农场的经营管理出谋划策，帮助当地解决存在的实际困难，通过土壤普查，制作了西范沟农场的生产发展规划。黄德明、褚天铎等专家为全区40多名土肥技术人员讲解作物施肥、微量元素肥料施用技术。

理事长毛达如会同北京林业大学、首都师范大学多位专家到怀柔县考察沼气池、西洋参和板栗栽培管理情况。1984年5月在北京市农林科学院以土壤学会名义召开土壤普查成果应用座谈会。会上沈汉、王关禄等土壤专家介绍，在土壤普查基础上开展土壤区划、土壤评价等项工作的后续想法。北京师范大学地理系李天杰、北京师范大学地理系霍亚真、海淀区农业科学研究所白刚毅等积极在会上发言，最后大家统一了看法，落实了“北京土壤区划”科研项目。

本届学会工作受到北京市科学技术协会多次表彰，从1985—1987年来连续三年荣获先进单位称号，秘书长被评为先进工作者，学会秘书被评为先进个人。

五年来虽然取得不少成绩，但也存在许多不足之处，如学术交流较少，科技咨询活动开展不普遍，这些都需要加强，进一步提高学会质量，为首都社会农业发展做更多贡献。代表们热烈讨论工作报告，大家情绪饱满，高度评价学会工作，并对今后如何开展活动提出很多好的建议。

第五届理事会：

理事长：毛达如（继任）；

副理事长：张万儒、陈廷伟；

秘书长：张有山。

（六）第六届会员代表大会会议纪要

北京土壤学会第六届会员代表大会，于1990年4月在北京市农林科学院召开，参会代表100多人。北京市农林科学院院长董克勤出席会议，北京植物病理学会、北京作物学会、北京食用菌协会代表到会祝贺，北京市科学技术协会学会部张文佑到会指导，大会由副理事长张万儒主持。

理事长毛达如代表上一届理事会做工作报告。在北京市科学技术协会的大力支持下，经过全体会员努力学会工作比前一届有了长足进步，四年来召开学术交流会20次，科技咨询、下乡考察调研23次，为政府部门提建议3次。两次被北京市科学技术协会评为先进单位，学会秘书长被评为先进个人。学会工作拓宽了视野，广泛开展了学会间的合作活动，彰显了学会工作的活力和影响力，受到了市里有关部门的多次表扬，也获得了广大会员的好评。

1990年是我国举办亚运会之年，学会常务理事会研究决定为亚运会办件实事，邀请北京林业大学、首都师范大学有关专家对长安街等主要街道行道树现状进行调查，发现行道树生长不好，主要原因是土壤的理化性状差，土壤结构变得紧实、不利于树木吸收水气、另一原因是土壤受多种因素污染，如城市交通、城市生活垃圾及工业生产等因素，鉴于上述原因，专家提出改善树木根系土壤理化性状的建议。

几年来学会把普及农业科技当作一项重要任务，经常派有关专家到农村举办科技培训班，四年中共举办培训班10次，有500多人受益。为培养青年人提高学术水平，举办青年人学术论文比赛活动6次。通过北京市科学技术协会介绍与日本友人安源稔先生协商，争取到了为北京土壤学会资助二名研修生赴日本学习一年的机会，经与北京市农林科学院土壤肥料研究所、植物保护环境保护研究所协商决定分别派徐秋明和王英南赴日本，学习控释肥技术和植物病害防治技术。徐秋明回国后与企业合作，经过多年努力我国首台控释肥设备研发成功，开发出L型、S型控释肥，推动了我国控释肥的发展。

代表们对学会四年来的工作很满意，力所能及做了大量有利于首都社会和农业发展的实事，并希望在现有基础上再向前跨越，为北京的农业现代化做更大贡献。

第六届理事会：

理事长：毛达如（继任）；

副理事长：张万儒、黄鸿翔、张有山；

秘书长：刘广余。

（七）第七届会员代表大会会议纪要

北京土壤学会第七届会员代表大会，于1996年4月在北京市农林科学院蔬菜中心召开。

大会主题：“发展土壤科学，为北京三高农业服务”。

理事长毛达如代表上届理事会做工作报告。

六年来在北京市科学技术协会的领导下，全体会员积极努力开展学会工作，为北京市农业发展、学科建设做了大量工作，取得了很大成绩。

1991—1994年，学会组织专家前往各区县考察泥石流危害情况、天安门油松生长情况，组织青年土壤工作者考察海坨山、研讨与考察小麦氮调技术。召开包括北京农业经济发展战略学术等学术交流活动共计12次。

加强群众科普宣传活动。通过学会4个专业组的专家把多项技术传授到基层。1992—1994年积极实施金桥工程，通过努力连续3年获得“金桥工程奖”。六年来在基层举办各种专业报告会50余次。1995年响应北京市科学技术协会号召，在科普活动月（5月），许多会员走到基层进行了不同层次的科技咨询与科普宣传。

1992年学会在北京市科学技术协会第二届茅以升青年优秀科技奖活动中有2人获奖。1994年由中国农业科技出版社出版了《土壤管理与施肥》一书。此外会议收集了近两年学会会员针对北京地区土壤肥料研究的论文39篇。

第七届理事会：

理事长：黄鸿翔；

名誉理事长：毛达如；

副理事长：邢文英、张有山、张凤荣、杨光滢、吴建繁；

秘书长：刘宝存。

（八）第八届会员代表大会会议纪要

北京土壤学会第八届会员代表大会于2000年11月29日在北京市农林科学院报告厅召开。大会主题为“发展农业、控制土壤环境污染”。与会的代表和工作人员共110多人。北京市农林科学院副院长、北京市农业管理干部学院院长、北京市顺义区区长、农业部等领导和专家到会指导。中国土壤学会、中国植物营养与肥料学会、北京农学会等8个单位发来贺信表示热烈祝贺。

理事长黄鸿翔代表上届理事会作了工作报告。四年来学会做了大量工作，开展学术活动共24次，其中外事活动5次。多次组织专家到工厂、农村考察、开展科普活动，如向农民宣传科技知识、举办培训班、赠送书籍、进行技术咨询和技术服务等。在培养人才，促进中青年科技人才的成长和发展新会员等方面都取得了很大进步。

副理事长做了修改和补充会章的报告。新会章规定每4年召开一次会员代表大会，理事长连任不得超过两届，理事人数更新每届不得少于1/3，根据工作的需要，可聘名誉理事长1人以及名誉理事若干人。

副秘书长传达了中国土壤学会第九届会员代表大会的精神。1999年10月17日，我学会派出72名代表参加了中国土壤学会第九届会员代表大会。这次会议代表较多、范围广泛，全国有30个省市、850多名代表参加会议，其中台湾20名、香港3名。北京土壤学会有34名代表在会议上做了学术报告。其中中国农业大学石元春院士、毛达如教授、李保国教授、李国学教授，中国农业科学院林葆研究员、金继运研究员，全国农业技术推广服务中心邢文英副主任、北京市农林科学院刘宝存研究员以及多位专家在大会上作了学术报告。

在北京市科学技术协会的正确领导下，在挂靠单位北京市农林科学院植物营养与资源研究所及中国农业科学院土壤肥料研究所、中国农业大学、全国农业技术推广服务中心、北京市土肥工作站等多单位大力支持下，学会在开展国内外学术交流、技术咨询、科普活动及科技下乡等方面取得了一定成绩。

学会在本届共发展65名新会员，截至目前会员共计410名。

大会表彰了在土肥战线上辛勤工作40年的老专家、教授，合计84人，并颁发了荣誉证书。

与会代表以无记名的方式进行了选举，产生了新的理事会。

第八届理事会：

理事长：黄鸿翔（继任）；

名誉理事长：毛达如；

副理事长：王旭、刘宝存、邢文英、李云伏、张凤荣、廖洪；

秘书长：刘宝存；

副秘书长：王敬国、赵林萍、高祥照、徐建铭；

常务理事：刘善江、刘立伦、李保国、李国学、张夫道、陈同斌、吴建繁、吴玉光、贾小红、焦如珍；

名誉常务理事：张有山、张美庆等。

本届理事会59人，其中21人组成常务理事会。学会还设立了监事会，张凤荣任监事会主任，监事会成员共5人。

经常务理事会研究，本届新设立5个专业委员会和2个工作委员会：土壤专业委员会，植物营养与肥料专业委员会，环境保护专业委员会，分析与测试专业委员会，土壤肥料与食品安全专业委员会，科普工作委员会，产、学、研工作委员会。

最后，由新当选的继任理事长黄鸿翔研究员代表新的理事会，向全体与会同志表示，在新一届的学会工作一定要有新的起色，做几件人们关注的大事，使学会工作规范化、多样化，力争在21世纪初做出新的贡献。

（九）第九届会员代表大会会议纪要

北京土壤学会第九届会员代表大会暨学术年会于2004年4月10日在北京市农林科学院大礼堂召开。原中国农业大学校长毛达如教授、中国植物营养与肥料学会理事长林葆研究员、北京市农林科学院党委书记秦树福同志、原北京市农林科学院院长陶铁南同志、北京市科学技术协会学会部徐新副部长、北京市科学技术委员会张光连处长、北京市农村工作委员会王海龙处长等出席会议。

理事长黄鸿翔代表上届理事会做工作报告。学会在北京市科学技术协会的领导和关怀下，在挂靠单位全力支持下，在团体会员单位和全体会员共同努力下，在兄弟学会的帮助下，共组织开展各类学术活动近50次，在北京市科技园和学术月活动中，得到了北京市科学技术协会的表彰和奖励。

学会副理事长刘宝存做学会财务和监事会工作报告。学会的财务，在挂靠单位财务管理范围之内，遵守财务规章制度。在这几年，学会财务工作账目清楚，没有出现任何违纪行为。在财务统计工作中获得北京市科学技术协会财务统计的先进单位称号。

学会副理事长张凤荣做了修改和补充会章的报告，新会章提出会员会费由10元/年，增加至100元/年；团体会费由50元/年，增加至5 000 ～ 10 000元/年。新会章还提出每4年召开一次会员代表大会，这样和国家的一些学会同步进行，以便推荐理事在国家学会任职。

学会副理事长廖洪代表第八届理事会宣布表彰名单，从事土肥工作40年的78位老科学家和21名学会积极分子受到奖励。

学术年会由毛达如教授主持，共邀请6位知名专家做了学术报告：林葆研究员作了“化肥与无公害食品”的报告；张福锁教授作了“根际营养”的报告；黄鸿翔研究员作了“培肥地力应该是农业增产的关键技术”的报告；毛达如教授作了“加强耕地质量建设，促进粮食高产”的报告；刘宝存研究员作了“北京地区的非点源污染的状况与对策”的报告。

新的理事会由67人组成，其中常务理事22人，监事会5人。聘任黄鸿翔为名誉理事长。

最后由新当选的理事长李保国教授向全体代表讲话，他说："我荣幸地当选理事长，我一定要把本届学会工作做好，发挥专业委员会的作用，对技术难点和热点的问题即时的进行研讨，并向市政府汇报或书面建议。通过学会的桥梁作用，让土肥战线上的专家、教授发挥更大的作用，为我国农业现代化的建设做出新贡献"。

大会选举产生新一届理事会。

第九届理事会：

理事长：李保国；

名誉理事长：黄鸿翔；

常务副理事长：刘宝存；

副理事长：张福锁、王旭、高祥照、陈同斌、廖洪、张维理；

秘书长：徐建铭；

监事长：赵同科。

（十）第十届会员代表大会会议纪要

北京土壤学会第十届会员代表大会于2008年12月20日在北京市农林科学院召开。

李保国教授代表上届理事会做工作报告。2004—2008年学会做了大量工作并取得了一定成绩，特别是在国际学术交流方面，书写了学会历史上新的篇章，每年召开一次国际学术研讨会，每两年召开一次双边学术交流会。组织开展国际、国内学术交流、青年工作者科技下乡、科普宣传等活动近50次，受到广大科技人员和农民的积极响应和热烈欢迎。学会在学术月和科技周的活动中被评为"北京市精神文明单位（学会）""中国土壤学会先进集体"，学会工作者被评为北京市科学技术协会和中国土壤学会积极分子。

在大会上表彰了老科学家与学会积极分子，并颁发证书和礼品等。另外大会上邀请了中国农业大学、中国农业科学院、中国科学院、北京市农林科学院的知名专家、教授做学术报告。

李保国理事长说："学会要进一步提高研讨会的学术水平，加强与兄弟学会和外省市学会学术交流，加强组织建设和档案管理工作，努力把学会办成会员之家"。

第十届理事会：

理事长：李保国（继任）；

名誉理事长：黄鸿翔；

常务副理事长：刘宝存；

副理事长：张福锁、徐明岗、王旭、赵永志、吴克宁、高祥照、陈同斌；

监事长：赵同科；

秘书长：徐建铭。

（十一）第十一届会员代表大会会议纪要

北京土壤学会第十一届会员代表大会于2013年3月30日在北京市农林科学院职工之家

召开，常务副理事长刘宝存主持会议。

北京市科学技术协会副主席田文、北京市科学技术协会学会部部长刘晓堪、北京市农林科学院院长李云伏、中国农业科学院农业资源与农业区划研究所书记陈金强、中国植物营养与肥料学会秘书长赵秉强、北京农学会理事长陶铁男、兄弟学会以及本学会会员代表共计122人参加会议。

学会理事长李保国致开幕词，并对参加会议的领导、兄弟学会代表表示感谢与欢迎。中国植物营养与肥料学会秘书长赵秉强、北京农学会理事长陶铁男代表兄弟学会致贺词，中国农业科学院农业资源与农业区划研究所书记陈金强，北京市农林科学院院长李云伏，北京市科学技术协会学会部部长刘晓堪代表主管业务单位发言，对学会前期的工作给予肯定，希望学会再接再厉，在新的条件、时期下，作出新的贡献。

随后，李保国理事长做第十届理事会工作报告，对2009—2012年，学会开展的工作、取得的成绩及存在的问题做了详细的汇报。刘宝存常务副理事长作了第十届理事会财务工作报告，赵同科监事长做了第十届监事会工作报告。王旭副理事长对《学会章程》修订进行了说明，参会代表现场表决一致通过。徐建铭秘书长宣布了各类先进名单，设立了有突出贡献科学家、有突出贡献先进个人及有突出贡献的积极分子3个奖项，共51人获奖，发放了荣誉证书。

大会选出新一届理事、常务理事及监事，新一届理事共有73名。中国农业科学院农业资源与农业区划研究所徐明岗研究员当选新一届理事长，北京市农林科学院植物营养与资源研究所刘宝存研究员任常务副理事长兼秘书长，负责学会日常工作，北京市农林科学院植物营养与资源研究所赵同科研究员任监事长。

会上，邀请中国农业大学李保国教授、中国农业科学院徐明岗研究员、北京市农林科学院刘宝存研究员做学术报告。李保国教授作了题为“北京生态文明建设与土壤科学工作者的责任”的学术报告，重点阐述了目前北京市环境恶化与土壤退化现状，呼吁土肥工作者为北京生态环境保护献计献策，将北京建设成为“国家首都、国际城市、文化名城、宜居城市”提供土地资源保障。徐明岗研究员作了题为“耕地质量与土壤有机质提升”的学术报告，从为什么要研究土壤有机质谈起，系统地讲解了土壤有机质研究的重要意义、存在的主要问题及解决途径等。刘宝存研究员作了题为“农业面源污染防控与综合治理技术研究进展”的报告，目前我国资源消耗日增、污染排放扩大、生态系统超载，结合对全国十二大库区的研究结果，向参会人员报告了目前我国面源污染防控的最近研究进展。

第十一届理事会：

理事长：徐明岗；

名誉理事长：李保国；

常务副理事长兼秘书长：刘宝存；

副理事长：江荣风、贾小红、田有国、陈同斌、吴克宁、焦如珍、张彩月、黄元仿、曾希柏、赵永志、王旭；

监事长：赵同科。

（十二）第十二届会员代表大会会议纪要

北京土壤学会第十二届会员代表大会于2016年6月9日在北京市农林科学院蔬菜研究中心国际交流中心召开，常务副理事长刘宝存主持会议。

出席会议的有北京市科学技术协会学会部李金涛处长、北京市农林科学院副院长刘建华、中国植物营养与肥料学会理事长白由路研究员、全国农业技术推广服务中心李荣处长、兄弟学会及本学会会员代表共220余人。

学会理事长徐明岗研究员致开幕词，中国植物营养与肥料学会理事长白由路、北京市农林科学院副院长刘建华、北京市科学技术协会学会部处长致贺词。

徐明岗理事长做第十一届理事会工作报告，对2013—2015年期间，学会开展的工作、取得的成绩及存在的问题作了详细的汇报；刘宝存常务副理事长作了第十一届理事会财务工作报告，说明了学会经费的支出符合财务制度；张彩月副理事长做了第十届监事会工作报告；王旭副理事长对《学会章程》修订进行了说明；吴克宁副理事长宣布了各类先进名单，设立了有突出贡献科学家、工作积极分子及学会特别贡献奖3个奖项，共42名获奖者，发放了荣誉证书及礼品。

会上邀请中国农业大学宇振荣教授、中国农业科学院王旭研究员、北京市农业局赵永志研究员作报告。宇振荣教授作了题为“景观生态田建设原理和技术”的学术报告，重点阐述了景观生态田建设的原理、思路、方法、技术及维护保障措施等，报告内容对于美丽乡村建设具有重要的参考意义。王旭研究员作了题为“化肥减量行动与农业产业升级的实践报告”的学术报告，从为什么要化肥减量谈起，系统讲解了化肥减量与农业产业升级的重要意义、实施过程中存在的主要问题及解决途径等。赵永志研究员作了题为“北京现代农业土壤保护形势与任务”的报告，内容包括我国农业现状、耕地肥力状况、土壤污染情况、土壤培肥技术措施、农业废弃物循环再利用等。

选举产生新一届理事会。

第十二届理事会：

理事长：徐明岗（继任）；

名誉理事长：李保国；

常务副理事长兼秘书长：刘宝存；

副理事长：江荣风、黄元仿、王旭、曾希柏、赵永志、贾小红、田有国、李荣、吴克宁、焦如珍、张彩月、陈同斌；

监事长：赵同科。

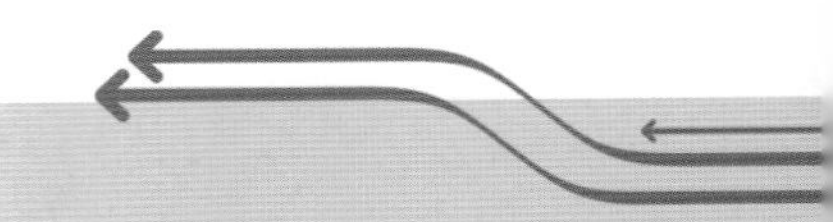

第二章 学术交流与研讨

根据北京土壤学会程章要求，开展学术交流是学会的中心任务之一。几十年来，北京土壤学会遵循3个原则，坚持不懈地开展学术交流活动：一是面向北京社会经济建设；二是解决生产与实践中存在的问题；三是为广大会员提供与国内外先进科研机构、专家间相互学习和交流最新学科动态、发展趋势及研究热点的机会，同时也为各科研单位间的协作与共同发展搭建一个良好的学术交流平台。

历年来，学会紧密结合北京发展形势的需要和土壤科学的进展，积极组织专业学术活动，学术活动内容十分广泛，涵盖土壤学科的基础研究、方法研究，更多的是围绕当前北京存在的关于土壤肥料和环境等诸多领域的应用研究，为北京社会发展贡献力量。长年不懈地组织的多种多样的学术活动，彰显了学会的活力与水平。

一、国际学术交流

北京土壤学会自1978年恢复活动以来，共举行规模较大的国际学术交流会30多次，邀请外宾200多人，共3 000多人参加。现将其中几次的交流活动摘录如下：

1.中日专家学术报告会

北京土壤学会参与中国农业科学院土壤肥料研究所2002年9月13日召开的中日专家学术报告会。会上，日本北海道大学农学部植物营养学研究室主任大崎满教授作了题为“根际营养研究进展”的报告；从加拿大做博士后研究回国的李书田博士作了题为“土壤样品磨碎强度和浸提剂比例对石灰性土壤可溶性硫测定的影响”的报告；在日本做博士后研究的何平博士作了题为“玉米碳氮平衡与粒重形成及叶片衰老的关系”的报告；从澳大利亚留学回国的李春花硕士作了题为“抗虫棉中的Bt毒素对土壤有益昆虫的毒性”的报告。

2.畜禽粪便综合利用研讨会

2003年9月23 ～ 24日，在北京市土肥工作站召开了畜禽粪便综合利用研讨会，60多名科技人员参加会议。

会上，加拿大专家Stephen. K. Ng博士作学术报告，报告主要内容为：全球各类畜禽生产状况和粪便排放的情况，包括不同发育时期和不同饲料喂养的畜禽的粪便量，及其中有机物、氮磷钾养分含量。Stephen. K. Ng 博士还介绍了加拿大等发达国家的工农业污水排放标准和粪便处理的相关法律法规。研讨会结束后Stephen. K. Ng博士参观了北京市土肥工作站在大兴、怀柔的畜禽粪便综合利用示范场，对这些示范场利用畜禽粪便加工有机肥的效果给予肯定，并对有机肥加工工艺提出了改进建议。

3.北京农业发展与奥运食品安全国际讨论会

2003年10月22日北京土壤学会参加北京农业发展与奥运食品安全国际讨论会，中外著名专家在大会上作的精彩报告，对学会的工作有很大的指导意义。在这次国际讨论会上，学会做了不少工作，推荐了有一定学术水平的4篇论文参会，其中一篇论文被选为大会报告论文，其题目是"奥运农产品有毒物质残留快速测定技术"，该测定技术是针对国内农产品农药残留现状以及奥运背景下的国际化发展要求，系统地介绍了目前国内外有关农产品有毒物质残留快速检测的方法和特点，并重点介绍了酶联免疫吸附分析等方法，这对我国农产品残留物质快速检测有一定指导意义。

4.有机废弃物无公害化处理技术、果园有机肥安全施用技术报告会

2005年10月14日，有机废弃物无公害化处理技术、果园有机肥安全施用技术报告会在北京市昌平区小汤山镇召开。会议特邀美国宾夕法尼亚大学动物健康及生产中心农业系统研究室窦争霞博士作报告。她首先指出农业系统的面源污染是较为严重的，水体中的地下水硝酸盐的污染、湖泊氮磷富营养化、大气污染均存在问题。这些问题在美国已有改进，而且正在研究和采取有效措施。美国的一些县域土壤养分状况和中国不同，美国土壤含磷量较高，有效磷（P）在30毫克/千克左右，据科学家预计，10年不施磷肥也不会减产。美国在施肥技术上采取的协调交叉推荐施肥技术是值得我们学习的。美国一些县域的土壤磷营养元素含量高，主要是因为一些奶牛场用的饲料含磷量高。与会科技人员对专家的报告进行了讨论，大家提出在华北地区和北京的郊区县石灰性土壤施磷肥后在土壤中会造成固定，磷的利用率很低，尽管土壤中磷的含量较高，要因地制宜，但在农作物上仍然需要适量施用磷肥，不能把美国的经验一味照搬到中国来。此外，我国应该加强有机农业方面的工作。

5.中俄土壤肥料学术研讨会

2007年6月28日，北京土壤学会和黑龙江土壤学会一同前往俄罗斯，与俄罗斯大豆研究所和远东国立农业大学的专家共同举办了中俄土壤肥料学术研讨会。会上，中俄部分专家作了精彩的学术报告。

俄方全俄大豆研究所吉里巴·弗拉基米尔·阿里诺里多维奇作了关于"全俄大豆研究所科研发展的基本方向"的学术报告；西妮果鞭斯卡雅·瓦连京娜·基莫弗尔娜作了关于"液体复合磷肥在大豆上的应用"的学术报告；果夫斯克·伊万·戈里果里耶维奇作了关于"在俄滨海区的肥料使用效果"的学术报告；那乌姆切尼戈·伊戈吉里娜·达拉斯娜作了关于"长期使用肥料对黑壤土的影响"的学术报告；远东国立农业大学的朴拉格朴秋克·瓦连京娜·菲达拉夫娜作了关于"阿穆尔州土壤"的学术报告；尼子给伊·阿列戈山得勒·耶夫给尼耶维奇作了关于"用加利福尼亚蚯蚓作为提高土壤肥力的方法"的学术报告；布里亚尼·谢苗尼.佛拉吉米拉维奇作了关于"斯瓦报吉尼斯戈亚（自由）区针阔叶林的森林棕壤类型"的学术报告；中

方徐明岗、刘宝存、魏丹、同延安分别作了“长期定位试验对土壤质量的影响”“中国控释肥料研究进展”“中国东北黑土质量状况”“黄土区氮的循环与平衡”的学术报告。

中俄土壤肥料学术研讨会现场

中俄土壤肥料学术研讨会部分与会者合影
（第一排右一魏丹、右三刘宝存；第二排右二徐明岗）

6.农业面源污染与防控技术国际学术研讨会

2009年10月23日，北京土壤学会在中国农业大学报告厅召开了农业面源污染与防控技术国际学术研讨会，特邀美国、德国、法国、瑞典及国内的部分专家作报告，80多位科技工作者参加了研讨会。

瑞典专家作了题为“世界农业面源污染”的报告，报告指出不合理的使用土地和不科学地开发应用动物及水生物，是导致湖泊农业面源污染加剧的主要原因，最好的解决办法是发展有机农业。美国专家强调了农业生态的重要性，他指出不管是生产、加工、贸易，还是消费有机产品的人群，都应该保护生态环境，防止环境的污染。德国专家指出水污染是农业面源污染的一个重要方面，因此保护水源及节水技术的研究需要引起多方关注并加

国际计量土壤学大会现场（主席台左一黄元仿、右一李保国）

大研究力度。法国专家的报告主要内容是农业生态学对可持续发展农业的影响，农业生态学的最终目的是要达到土壤肥沃、水循环良好、动植物健康、产量可持续发展及全球食品安全，这也是农业可持续发展的目标。

国内有4位专家作了报告，内容围绕：我国主要的湖泊和河流，如五大湖泊、三峡库区、滇池、白洋淀等氮磷富营养化加剧，水体污染严重，畜禽养殖和城乡生活垃圾等使富营养化不断加重。盲目施用化肥，增加了农田氮磷含量，是造成农业面源污染的原因之一。全世界的农业面源污染正在成为水体污染的主要原因，对水污染的源头进行控制是技术的关键。发达国家在面源污染方面主要是对污染的源头进行控制，对农田和畜禽场地的面源污染进行分类管理，提高化肥利用率，降低施肥量，减少化肥、农药的污染。北京的农业面源污染问题严重，官厅水库的污染加重，农药化肥量不断增加，畜禽粪便、城乡生活垃圾不断增加，使北京的农业面源污染范围逐步扩大。目前以北京延庆作为试点，应用国内外的先进技术和方法进行综合治理，初见成效。

7.农业面源污染防治与粮食安全国际学术研讨会

2010年3月，北京土壤学会与北京市农林科学院植物营养与资源研究所一同出席在重庆市召开的农业面源污染防治与粮食安全国际学术研讨会，刘宝存常务副理事长在会上作了大会报告。来自美国、新西兰、丹麦、德国以及我国10省（自治区、直辖市）的80多位专家和代表参加了会议。

（1）德国专家提出德国联邦净水法案208章，要求各州及区域计划编制机构不定期更新每个州不同区域的水质管理计划。

（2）美国马奎特大学土壤与环境工程系Charles Steve Melching教授作了题为“美国威斯康星州东南区域水质管理计划的非点源污染”的学术报告。报告指出：1979年美国威斯康星州东南区域规划委员会（SEWRPC）联合威斯康星州自然资源部门（WDNR）和美国国家环境保护局制定了威斯康星州东南地区最初的区域水质计划。2003年和2007年SEWRPC再次联合WDNR开展区域水质管理计划的更新，此次更新需要对3 000千米^{2}流域面积上非点源污染负荷的污染物迁移转化进行系列的模型模拟，以便评价整个流域在计划年度和2020年度的水质状况，通过评价不同年度土地利用改变、污水处理等措施下的水质变化以确定区域水质管理计划中的实施方案。报告详细介绍了计划的制定过程、模型校准、模拟结果和最终的水质计划内容。

（3）新西兰林肯大学农学和生命科学学院土壤和物理科学系HJDI教授作了题为“硝化抑制剂在控制畜牧草场硝酸淋失及氧化亚氮气体及温度的作用”的学术报告。

徐建铭（左）、刘宝存（右）参加农业面源污染防治与粮食安全国际学术研讨会

8.有机废弃物无害化处理与应用国际学术研讨会

2013年10月29日，北京土壤学会召开有机废弃物无害化处理与应用国际学术研讨会，学会60余名理事及会员参加了此次研讨会。会议邀请了德国Kosima Waberliu教授、巴西Tadeu Caldas教授、中国科学院地理科学与资源研究所陈同斌研究员、中国农业科学院徐明岗研究员和北京市土肥工作站贾小红研究员等国内外知名专家作学术报告。研讨会对国际堆肥最新技术、有机碳在农业方面的应用及北京有机废弃物资源利用等方面的学术问题进行了深入探讨与交流。

此次会议为北京有机肥领域的研究人员提供了一个与国外先进科研机构、专家相互学习和交流的机会，同时也为各科研单位间的协作与共同发展搭建了一个良好平台。

研讨会上学会理事长徐明岗（右二）、常务副理事长刘宝存（左三）、徐建铭（左二）等与国外专家合影

有机废弃物无害化处理与应用国际学术研讨会现场

9.第五届露地蔬菜生产生态施肥策略国际研讨会

2015年5月19日，由国际园艺科学学会和北京市农林科学院联合主办，北京市农林科学院植物营养与资源研究所及北京土壤学会承办的第五届露地蔬菜生产生态施肥策略国际研讨会在北京蟹岛绿色生态农庄隆重召开。会议由北京土壤学会常务副理事长刘宝存主持。来自西班牙、荷兰、比利时、意大利、日本等14个国家以及北京、江苏、河北、山东、广东、内蒙古等十几个省（自治区、直辖市）的科研单位、大专院校、产业大户等200多名代表参加了会议。

与会各单位领导先后致辞，国际园艺科学学会副主席Silvana、北京市农林科学院院长李云伏、中国植物营养与肥料学会理事长白自路、北京市科学技术协会书记夏强等先后发言。他们一致提出要科学施肥，保护生态环境，让全世界人民吃上安全农产品，为全世界人民的健康作出贡献。

大会邀请了国内外的知名专家作学术报告，此次国际研讨会是蔬菜施肥方面的国际盛会，会议从全球的视角探讨了露地蔬菜科学施肥技术。大会以主题报告的形式对植物营养与养分供应、土壤测定与测土施肥、土壤肥力与环境健康、根区调控与水肥一体化、有机废弃物循环利用及可持续性发展等露地蔬菜施肥领域的7个主要方向的相关问题进行深入研讨与广泛交流。会议期间部分与会人员参观考察了延庆区小丰营村和顺义区杨镇基地。

此次会议的召开，使我们进一步了解了欧美发达国家在露地蔬菜生态施肥技术研究方面的进展和政策措施，加强了国内外在露地蔬菜生态施肥技术研究方面的交流与合作，强化了国内集约化露地蔬菜生态施肥技术研究、推广、应用等领域之间的沟通与交流，推动了我国露地蔬菜生产向“环境友好、资源节约、质量安全”的生态可持续方向转变，促进了我国露地蔬菜生产技术水平提升及蔬菜生态行业健康持续发展。此次会议对我国露地生产生态施肥技术研究与创新具有重要的指导作用，并对我国露地蔬菜生产发展有着深远的影响。

第五届露地蔬菜生产生态施肥策略国际研讨会现场

专家作学术报告

部分与会人员在基地参观考察

10.现代土壤磷肥施用与管理国际学术研讨会

2017年11月13 ~ 17日，北京土壤学会在中国农业科学院农业资源与农业区划研究所召开现代土壤磷肥施用与管理国际学术研讨会，来自美国、英国、加拿大、德国、比利时等国家的专家学者及学会40余名理事会员参加了此次研讨会，会议由学会理事长徐明岗研究员主持。此次研讨会邀请了美国土壤学会主席Andrew Sharpley教授、英国班戈大学Paul Withers教授、加拿大农业与农业食品部张铁全教授、美国佛罗里达大学Yuncong Li 教授、南非纳塔尔大学Malcolm Sumner教授、德国波恩大学Heiner Goldbach教授、比利时列日大学Colinet Gilles教授、美国农业部Peter Kleinman教授、美国国际肥料发展中心Upendra Singh教授、中国农业大学资源与环境学院冯固教授、中国热带农业科学院南亚作物研究所徐明岗研究员、中国科学院南京土壤研究所施卫明教授、西北农林科技大学杨学云教授、云南农业大学张乃明教授等15位国内外知名学者作学术报告。内容包括：现代化的土壤磷素肥力水平和管理、石灰性土壤磷素的有效性及其转化、中国磷肥的应用现状与思考、土壤中磷的生物转化、基于土壤有效磷变化的磷肥管理等。报告结束后与会专家及学会会员就报告内容进行了深入探讨与交流。

现代土壤磷肥施用与管理国际学术研讨会参会者合影

11.土壤健康与可持续发展国际研讨会——“一带一路”土壤战略

2018年5月24 ~ 26日，由联合国粮食及农业组织、全球土壤伙伴关系及北京市农业局、北京市土肥工作站共同举办，北京土壤学会协办的土壤健康与可持续发展国际研讨会——“一带一路”土壤战略在北京国家会议中心隆重召开。北京土壤学会常务副理事长、监事长等和来自联合国粮食及农业组织、全球土壤伙伴关系、亚洲土壤伙伴关系及一带一路沿线的20多个国家和地区的官员、专家、学者，以及国内30多位农业农村部耕地专家组成员、数百位专家学者参加了此次研讨会。

大会紧密契合我国“一带一路”倡议，立足联合国粮食及农业组织《可持续土壤管理自愿准则》，回顾土壤可持续管理的实践应用现状及需要充分解决的缺陷和障碍，关注国际

土壤健康与可持续发展国际研讨会现场

土壤保护的新兴技术、管理制度、方法、机制与政策，研讨“一带一路”沿线国家及世界不同地区土壤可持续管理实践策略。本次会议的中方发起人及组织者北京市土肥工作站站长赵永志（北京土壤学会副理事长）发布了《土壤健康与可持续发展——“一带一路”土壤战略宣言》。

学会副理事长赵永志宣读《土壤健康与可持续发展——“一带一路”土壤战略宣言》

土壤健康与可持续发展国际研讨会参会者合影

本次会议有21名国内外知名专家作了专题报告，分享开展土壤健康与可持续发展技术、政策沟通和发展战略对接的实践经验；由联合国粮农组织、全球土壤伙伴关系及土壤健康与可持续发展国际研讨会表彰为土壤健康做出贡献的个人和集体，共颁发70个个人奖项和11个集体奖项，北京土壤学会会员有10人获得荣誉。本次会议彰显了北京农业开放的态度、精神和胸怀，展示了北京土壤学会对外合作的能力、实力与优势，提升了中国在全球土壤保护中的显示度和贡献力。

12. 中国北方少雨区精准灌溉施肥研讨会

2019年9月2～6日北京土壤学会与北京市农林科学院植物营养与资源研究所在北京金泰海博大酒店联合主办了中国北方少雨区精准灌溉施肥研讨会，会议由北京裕农公司、北京富特来复合肥公司、嘉禾源硕生态公司协办。来自西班牙、美国、意大利、荷兰等国家的专家学者及学会60余名理事会员参加了这次研讨会。学会常务理事邹国元主持会议，中国农业科学院科研处杨国航处长和外方代表西班牙阿尔梅里亚大学Rodney Thompson教授分别致辞。全国农业技术推广服务中心杜森研究员、中国农业科学院王旭研究员、中国农业大学张宝贵教授以及西班牙阿尔梅利亚大学、意大利国家农业科学院、美国加州大学Davis分校、美国加州鲜切蔬菜生产集团、荷兰跨国企业Priva公司、河北北方学院等专家分别作了大会报告。

中国北方少雨区精准灌溉施肥研讨会参会者合影

这次会议主要内容包括：应对水资源短缺和土壤污染挑战的水肥优化管理技术，北京与欧盟、美国国际合作专题研讨，蔬菜生产技术与投入品应用研讨。为进一步推动京冀合作，会议还设置了河北沽源县分会场，当地农业主管部门、国内外企业代表作了主题发言。与会专家针对当地蔬菜生产水资源紧缺、产品销售价格低等问题进行了热烈的讨论，建议当地根据自身资源特点、加大新模式、精准技术的应用，加强与企业的交流与合作，改进产品供应方式，推动鲜切蔬菜产品的发展。

会后，与会人员参观了裕农生菜基地、沽源县供京蔬菜标准化示范基地、京郊设施蔬菜东西向栽培、液体肥配肥站、裕农航食蔬菜基地与鲜切蔬菜加工厂。会议期间，我国相关专家与美国专家围绕鲜切蔬菜进行专题讨论和交流。本次会议将有力促进水、肥、土资源高效精准利用和相关国际合作进一步深入发展。

二、国内学术研讨

据不完全统计，自1978年以来学会共举行学术交流近200余次，参加人数8 000多人。现将其中部分学术交流情况概述如下：

1.2000年农业战略研讨会

1994年7月，学会在北京市农林科学院植物营养与资源研究所召开2000年农业战略研讨会，与会代表一致认为：应发展农业综合利用，如用作物秸秆生产蛋白质；使用化肥应与培肥地力相结合；在研究吨粮高产的同时还应加强中低产田的研究，使有限资金产生较高的经济效益；在首都郊区应发展观光农业；应把畜牧业发展与粪便使用脱离现象扭转过来；应充分合理利用北京地区内的农业资源，发展全方位立体农业；应重视发展占2/3国土面积的山区农业。

2. 长效化肥研制与推广

1995年，全国农业技术推广服务中心副主任、北京土壤学会副理事长邢文英协调农业部、化工部、中国科学院联合开展长效化肥研制与推广工作。在北京地区组织开展了长效碳铵试验与推广应用、小麦测土配方施肥高产示范、有机肥推广、新型肥料及保水剂试验推广、农业示范园建设以及精准农业试点等。全国农业技术推广服务中心与中国科学院生态所合作，在北京房山建立了试验示范及研制基地开展试验示范，1995—1997年辐射推广到12个省（自治区、直辖市），试验示范面积达到3.4万亩*，推广面积近800万亩。该项目获得国家科技进步二等奖，农业部丰收计划二等奖。

3. 土壤学研究进展学术交流

1998年9月26日，在北京市农林科学院蔬菜研究中心召开学术交流会，中国农业大学原校长毛达如教授作了关于“国际土壤学研究动态”的报告，详细介绍了土壤构造学、土壤医学、根际化学、土壤环境生物学、土壤热力学以及植物营养分子学等学科的研究现状与未来发展趋势。全国农业技术推广服务中心原副主任邢文英介绍了国内外肥料动态和施肥技术。中国农业科学院土壤肥料研究所副所长黄鸿翔研究员作了题为“新中国成立以来50年土壤学的历史回顾与展望”的报告。中国农业科学院土壤肥料研究所刘立新研究员介绍了我国肥料发展和应用情况，特别是氮、磷、钾肥和微量元素的发展和使用情况。中国农业大学资源与环境学院土壤和水科学系主任李保国教授介绍了以色列国家节水农业的概况。中国农业大学资源与环境学院土地资源与管理系张凤荣教授介绍了土壤地理和土地规划方面的学术研究进展。中国农业农科院土壤肥料研究所李家康教授作了“根据土壤养分状况指导平衡施肥”的报告。北京市农林科学院植物营养与资源研究所刘宝存研究员作了“京郊平原地区合理施肥”的报告，张美庆研究员作了“菌根的研究和应用”的报告。

* 亩为非法定计量单位，1亩≈667米^2。

毛达如教授（左二）在会上作报告

邢文英副理事长在会上作报告

4.无公害农产品与肥料问题研讨会

2001年9月25日，学会在北京市土肥工作站召开无公害农产品与肥料问题研讨会，与会专家和代表对无公害农产品生产及有机—无机复混肥标准问题发表了意见。

化肥引起的农产品污染主要表现是蔬菜的硝酸盐污染，这是过量施用氮肥的结果，受硝酸盐污染的蔬菜主要是叶菜类和根菜类。通过对北京市和外地在生产的1 256个蔬菜样品的硝酸盐含量测定，结果显示各类蔬菜硝酸盐含量为：叶菜类>根菜>瓜类>豆类>葱类>薯类。与会的专家还指出磷肥含有重金属，也会造成土壤污染，因此要引起警惕。针对有机肥和有机—无机复混肥标准问题，大家提了不少意见。与会专家认为，有机—无机复混肥水分含量15%，有机质含量20%以上，氮磷钾养分含量20%～25%较为合适。

5.控释肥和有机肥造粒技术报告会

2002年9月18日控释肥和有机肥造粒技术报告会在北京市农林科学院植物营养与资源研究所召开。会上张夫道、陈凯、徐秋明、周文珍4位专家分别围绕“缓控释肥和有机肥造粒技术”主题作了学术报告。其主要内容归纳如下：

控释肥和有机肥造粒技术报告会现场（右二张有山、右一张夫道）

缓控释肥在一些发达国家起步较早，如美国、日本等。我国现在仅有约10家科研院校研制此肥料，目前国内的产品普通存在造价高、包裹材料贵、工艺复杂、产品单一等问题，针对以上问题中国农业科学院土壤肥料研究所已研制出用圆盘滚筒制造缓控释肥的简便技术。当前国内的有机肥料厂，在有机肥造粒技术上存在困难，当有机质含量达到65%时造粒就相当难，中国农业科学院土壤肥料研究所研制的胶结剂，可制造成各种有机颗粒肥，每吨有机肥使用胶结剂成本仅需15元，成本低、质量好、效益高。

6.生物肥料研讨会

2002年9月23日，生物肥料研讨会在北京市农林科学院植物营养与资源研究所召开。会议主要内容归纳如下：

生物肥料是我国农业发展中不可忽视的一种肥料，它虽然不能代替化肥，但却是化肥的一种重要补充。当下市场上推销的生物肥料种类多、产品质量参差不齐且评价标准不统一。目前，我国约有125个生物肥料厂，年产量150万吨左右。生物肥料生产发展速度很快，配方多样化，从小三元的氮、磷、钾微生物肥发展到中三元（大量元素、中量元素、微量元素）和大三元（化肥、有机肥、生物肥）的生物肥料。这种情况下，国家应尽快出台产品的质量和菌剂的评价标准，要求厂家必须按照国家的标准进行生产，并禁售不合格产品。不同的生物肥料应有不同的标准，标准越细，愈好划分，评价结果也越科学客观。

7.有机农产品质量与肥料报告会

2003年10月10日，有机农产品质量与肥料报告会在中国农业大学资源与环境学院召开，李保国教授主持会议。会上中国农业大学李保国、李国学、孟凡云3位教授及学会徐建铭副秘书长分别作了报告。报告主要内容总结如下：

（1）一些发达国家已形成了比较完备的有机农业发展和支持保证体系，生产、加工、销售都达到了有效监督和控制，为保护本国有机农业发展提供了重要的保障。我国的有机农业还处在起步研究阶段，绿色奥运为有机食品的生产和消费产业提供了难得的发展机遇。

（2）我国有部分人认为施用有机肥生产出的食品就是有机食品，这种说法是不全面的，因为有机肥中也含有重金属和其他污染物质。

（3）施肥是我国农业增产的关键措施，也是提高农产品质量的最好方法，但盲目大量施肥，不仅不能增产提质，而且可能污染环境，进而危害人体健康。

8.北京土地质量评价研讨会

2003年10月15日，北京土地质量评价研讨会在北京市农林科学院植物营养与资源研究所召开，学会刘宝存副理事长主持会议，6位专家作了重点发言。发言内容归纳如下：

（1）当前需要明确第三次耕地质量调查和评价的目的，第二次土壤普查距今已有20多年，在此期间土地利用发生了重大变化。现有可耕地面积为多少？被荒废、滥用等一切不合理占用土地情况如何？土地质量是提高了还是退化了？土壤和地下水及河流的硝酸盐含量和重金属含量等环境污染程度如何？土地是否科学、合理的利用？这些问题应该调查清楚，对耕地质量应做出科学评价。

（2）在前两次土壤普查基础上，应在这次调查和评价工作中引入高科技手段，提高工作效率和质量，如应用“3S”等技术，把这次调查和评价提高到一个新的技术高度，要有创新点和特色。

9.叶面肥与应用技术座谈会

2004年8月6日，叶面肥与应用技术座谈会在北京市农林科学院植物营养与资源研究所召开，主要内容归纳总结如下：

(1) 1990年美国叶面肥年产量已达17万吨，俄罗斯等国家已达12万吨，而我国只有1.2万吨。目前我国叶面肥产业发展速度虽快，据统计大约已有370家厂家，但产量太少，科技含量太低，需要快速提高，追赶世界水平。

(2) “叶面肥”是群众起的一个名称，实际上属于“根外追肥”，它是根际追肥的一种补充，可及时补充作物所需的微量元素等营养物质，用量小、成本低，既能增产又能改善品质，对保护生态环境有着极为重要的作用。

10.土地与环境研讨会

2007年9月，学会在北京市农林科学院召开土地与环境研讨会，会议主题为“保护好耕地、防治污染”。

据研究资料表明，北京凉水河灌区的土壤重金属的含量超过背景值，特别是汞的污染极为严重。由于不合理施肥，造成土壤和地下水硝酸盐含量增加，致使部分农田的黄瓜、萝卜、油菜受污染。要保证农产品的安全，首先必须保证土壤不受污染。土壤污染主要是因工业、农业废弃物，人们生活中产生的垃圾，滥施滥用化肥农药造成的。土壤污染修复技术是指采用化学、物理学和生物学的技术与方法，以降低土壤中污染物的浓度，固定土壤污染物，将土壤污染物转化成低毒或无毒物质，阻断土壤污染物在生态系统中的转移途径的技术总称。

土地与环境研讨会现场

11.沿湖地区农业面源污染与综合治理研讨会

2009年8月，学会在怀柔区召开沿湖地区农业面源污染与综合治理研讨会。会上北京市农林科学院植物营养与资源研究所赵同科研究员作了题为“沿密云官厅水库集约化种养殖业农业面源污染防控技术研究与示范”的报告，河北省农业科学院张国印研究员作了“沿白洋淀高风险农业面源污染防控技术的研究”的报告，山东省农业科学院李彦研究员作了“沿南四海南水北调过水区农业面源污染高效防控技术研究与示范”的报告，中国科学院南京土壤研究所王慎强研究员作了“沿太湖地区高度集约化农业面源污染综合防控技术研究与示范”的报告。以上专家的报告内容可归纳为：我国湖库富营养化程度加重，氮磷化合物增加，沿湖旱地化肥与农药量不断增加，硝酸盐淋失量增大，水体污染严重。因此，治理沿湖地区的农业面源污染可以采用农牧组合方式与农业复合结构相结合的办法，提出减少化肥及农药用量的综合治理技术。

沿湖地区农业面源污染与综合治理研讨会现场

学会监事长赵同科（左一）、常务副理事长刘宝存（左二）、秘书长徐建铭（右一）参会

12.2009年土壤肥料学术年会

2009年12月3日，学会在北京市农林科学院植物营养与资源研究所召开了2009年土壤肥料学术年会，学会理事长李保国、常务副理事长刘宝存、副理事长徐明岗及学会理事50余人参加会议。会上徐明岗研究员作了题为“我国土壤肥力演变与土壤培肥”的报告，他首先指出了土壤质量决定了作物生产力，由此决定了粮食安全。其次，介绍了我国土壤肥力提升长期试验概况，并详细分析了长期不同施肥土壤有机质演变的规律。李保国教授作了题为“土壤学科近期进展与热点”的报告，报告指出土壤学科进入了技术与信息时代，分别从土壤物理学、土壤化学、土壤生物学、土壤结构学、土壤地理学这几个方面详细阐述了研究进展及热点。曾希柏研究员作了题为“土壤重金属循环”的报告，首先介绍了我国农田土壤重金属的状况和农田生态系统中重金属的循环模式，然后详细分析了农田土壤中重金属的平衡和调控措施。这3个报告的内容丰富且深刻，都很精彩，使与会人员受益匪浅。

2009年土壤肥料学术年会现场

13.新型功能与环境友好型肥料研讨会

2010年7月，学会在密云太师庄村召开新型功能与环境友好型肥料研讨会。会议邀请石宝才、王奇、司亚军、赵同科、安志装、童瑞平等专家作报告。同时，专家们结合现场对农民进行了技术讲解。专家讲解番茄、黄瓜的施肥，提出要重视有机肥的使用、科学地施好氮磷钾肥，有条件的可增施叶面肥。在番茄、黄瓜育苗期，要强调施用基质块肥，这对苗期的生长有很大好处。果树专家讲解了果树施肥技术，果树在不同生长期要补充营养，在施好氮肥和磷肥的基础上，一定要施好钾肥，钾肥对果实的生长、品质的改善，储存运输都有很大作用。肥料专家再次提出蔬菜育苗期要施基质块肥，果树、蔬菜应大力推广使用缓控释肥和叶面肥。

新型功能与环境友好型肥料研讨会现场

14.低碳生态型设施栽培综合管理技术高峰论坛

2010年10月15日，低碳生态型设施栽培综合管理技术高峰论坛在北京市农林科学院蔬菜研究中心召开。此次论坛邀请了土壤肥料方向的9位专家作报告，报告内容是专家们多年

低碳生态型设施栽培综合管理技术高峰论坛现场

低碳生态型设施栽培综合管理技术高峰论坛参会者合影

来在低碳节能研究中取得的新成果，不仅学术性和应用性强，而且生动精彩。主要包括以下几个方面的内容：什么是低碳农业及发展低碳农业的意义；我国农田土壤固碳潜力、时空特征与影响因素；低碳减排的措施：保护性耕作、有机肥培肥地力、大力发展绿肥、推广节水灌溉技术（例如亏缺灌溉、隔行交替灌溉、膜下暗灌等）。

15.数字土壤与土壤环境学术研讨会

2010年11月29日，学会在北京市农林科学院报告厅举办了数字土壤与土壤环境学术研讨会，会议由学会监事长赵同科研究员主持，40余名理事及会员参加了此次研讨会。

会议邀请贾小红、徐爱国、安志装和李鹏4位专家作报告，报告主要包括以下内容：北京土壤养分含量变化趋势及数字化水平，全国各区县土壤养分的数字化建设，沿湖地区土壤环境的有效治理措施，华北地下水的硝酸盐含量分析及风险评价等。报告内容丰富、数据翔实，使与会者对我国及北京土壤数字化水平建设和土壤环境情况有了更全面和深入的了解，精彩的报告之后与会学者进行了热烈的讨论。区县的土肥工作者提出了不少问题，专家都一一给予解答。

数字土壤与土壤环境学术研讨会现场

16. 培肥地力、改良土壤与环境学术研讨会

2011年5月20日，培肥地力、改良土壤与环境学术研讨会在北京市农林科学院植物营养与资源研究所召开。此次研讨会邀请中国农业大学、中国地质大学、中国农业科学院、中国科学院地理科学与资源研究所、北京市农林科学院、北京市农业局以及北京农学会等专家作学术报告。报告的主要内容归纳如下：根据土壤化验的数据，北京市土壤有机质含量低，平均在15.6毫克/千克，比全国的23.5毫克/千克明显降低，低于华北地区土壤有机质10%左右；同时因施磷肥土壤有效磷增加，造成土壤缺锌、钙、铁的问题出现；土壤速效钾下降到14毫克/千克，土壤缺硼面积增加到45%～50%，缺硫面积增加到40%左右。这说明北京的土壤要增施有机肥，提高土壤有机质的含量，建议北京郊区农民多施有机肥，这对培肥地力、改良土壤、增产增收有着重大意义。专家还提示北京土壤应减少磷肥投入，增施钾肥和中微量元素肥料，这对北京土壤开展的平衡施肥有重要作用。专家指出，由于北京地区部分农民追求产量，盲目使用化肥而影响了土壤环境，使土壤中硝酸盐含量和重金属含量增加，北京有部分蔬菜重金属超标，如砷和铅等。因此，要保护土壤环境，提高耕地质量。

培肥地力、改良土壤与环境学术研讨会现场

17.缓控释肥与农产品安全研讨会

2012年9月4日，学会联合北京市农林科学院营养与资源研究所在北京市农林科学院召开缓控释肥与农产品安全研讨会，会议邀请中国农业科学院白由路研究员作了题为“我国缓控释肥现状与发展趋势”的报告；中国农业大学崔振岭副教授作了题为“氮肥实时监控新进展”的报告；北京市农林科学院徐秋明研究员作了题为“树脂包衣控释肥开发研究”的报告；北京市土肥工作站贾小红研究员作了题为“施肥与农产品安全”的报告；中国农业科学院李兆军副研究员作了题为“生态环境及防控”的报告。其内容归纳为：控释肥料种类、缓释原理及其应用效果；不合理施用氮肥对环境影响极大，若采用硝化抑制剂，可提高氮肥利用率，减少氮肥流失，有利于农产品安全；加强肥料管理，禁止使用不安全、不合格的肥料。

缓控释肥与农产品安全研讨会现场

18.有机垃圾变废为宝的关键技术研讨会

2012年6月21日，有机垃圾变废为宝的关键技术研讨会在丰台花乡召开。会议邀请了中国农业大学、中国农业科学院、中国科学院地理科学与资源研究所、北京市农林科学院、北京市土肥工作站、丰台区农业科学研究所的6名专家作学术报告。专家们指出，每年北京的垃圾量有1 000万吨，如何科学地处理这些垃圾是个大问题。如果有机垃圾经过无害化处理能变废为宝，即可为北京的生态环境作出极大贡献。把园田的烂菜、瓜藤，果园的枯枝落叶、秸秆等，经过科学处理变成有机肥，是一项创新技术，但目前存在很多问题，应该提高有机肥的腐熟技术，掌握好配料比例，降低成本、节省开支，这样农民才更容易接受，从而更利于推广使用。

与会的60多名科技人员听完报告后进行了讨论，大家觉得此项技术很有创意，有广阔的发展前景，应在北京甚至全国推广应用。

19.棒状肥应用技术研讨会

2012年5月30日，学会于北京市平谷区太平庄村召开棒状肥应用技术研讨会，学会特邀肥料专家到现场讲解桃树施肥的关键技术。北京市农林科学院衣文平副研究员讲解棒状肥的性能：此肥是一种经过物理挤压成棒状的新型缓释肥，养分不断供给植物，减少施肥次数，避免营养浪费，特别适用于果树、花卉、绿化树木。此外，该肥料利用率较高，而且有利生态环境。其他肥料专家还讲述了在桃树栽培中施肥的关键技术：桃树在秋天每亩施有机肥3～5吨，5～7月追施化肥3次，氮磷钾的比例为1∶0.4∶1.5，同时要重点施磷酸二氢钾和硼肥，这对增产、提高品质有很大作用。另外，还有两位果农介绍在试验地里施棒状肥的效果，他们说："节省肥料，每株桃树只需2千克（10个）棒状肥，既可增产增收，提高品质，还可节省劳动力，有利于农业生产，值得推广应用。"与会的20多位果农参加座谈并到现场观看了棒状肥的肥效成果。

20.生物肥与液体肥学术研讨会

2013年9月17日，学会召开了生物肥与液体肥学术研讨会，40余名理事参加了会议。学会邀请中国化肥检测中心范洪黎博士、中国农业科学院褚天铎研究员、北京市农林科学院植物营养与资源研究所王幼珊副研究员、北京市土肥工作站李旭军室主任、北京生物肥联盟邓祖科总经理等专家作学术报告。内容包括：生物肥和液体肥研究发展现状、国内外研究动态、肥料推广应用技术，肥料中大量、中量和微量元素分析方法以及生物肥、液体肥施用标准和存在的问题。这次研讨会为北京生物肥和液体肥的发展提供了理论与实践支持。

生物肥与液体肥学术研讨会现场

21.植物营养高产高效与安全学术研讨会

2014年5月6日，学会组织召开植物营养高产高效与安全学术研讨会会议，60余名理事及会员参加了此次研讨会，会议由学会常务副理理长刘宝存主持，此次研讨会邀请了中国农业科学院白由路研究员、中国农业大学陈新平教授、北京市土肥工作站赵永志研究员、

植物营养高产高效与安全学术研讨会现场

北京市农林科学院杜连凤副研究员等专家作学术报告。内容包括：高产高效施肥技术研究与展望，如何减少养分损失、保护生态环境的养分管理途径与措施，基于产量和环境双赢的玉米氮肥投入阈值研究，同时就农业生产对大气环境的影响及解决对策进行了深入探讨。

22.园林废弃物再利用学术论坛

2014年9月24日，学会组织召开园林废弃物再利用学术论坛会议，50余名理事及会员参加了此次会议，会议由学会常务副理事长刘宝存主持。此次研讨会邀请中国农业大学李季教授、北京市农林科学院李吉进研究员、北京市土肥工作站贾小红研究员、北京奥科瑞丰新能源公司徐宁经理、北京市丰台农业科学研究所徐振同高级农艺师等专家作学术报告。专家提出园林废弃物经过无害化处理可研制成优质有机肥，还可将园林废弃物加工成各种生物质燃料，特别是对农民做饭、取暖有很大好处。

园林废弃物再利用学术论坛会议现场

23. 水肥一体化学术研讨会

2015年6月19日，学会召开水肥一体化学术研讨会，40余名理事及会员参加了此次研讨会，会议由学会常务副理事长刘宝存研究员主持。此次研讨会邀请了中国农业科学院白由路研究员、北京市农林科学院刘明池研究员和孙钦平副研究员、北京市农业技术推广站程明农艺师等专家作学术报告。内容包括：全自动水肥管理的设想与实践、水肥一体化研究与应用、沼渣沼液在蔬菜种植中的应用及其环境效应、设施蔬菜高产高效生态无土栽培系统的建立。本次研讨会以学术报告和讨论相结合的方式进行，报告结束后，与会专家及学会会员针对水肥一体化技术在我国的应用现状及发展趋势进行了深入探讨与交流。

水肥一体化学术研讨会现场

白由路研究员在会上作报告

24. 生物肥料在农业生产中的作用学术研讨会

2015年11月20日，学会召开生物肥料在农业生产中的作用学术研讨会，40余名理事及会员参加了此次研讨会，会议由学会常务副理事长刘宝存主持。此次研讨会邀请了中国农业科学院沈德龙研究员、中国农业大学资源与环境学院李季教授、中国农业大学生物学院陈三凤教授、北京市农林科学院武凤霞助理研究员、北京航天恒丰科技发展有限公司刘海明总经理等生物肥料领域专家作学术报告。内容包括：我国微生物肥料应用现状、多功能固氮微生物肥料、北京生物肥料产业现状、生物肥料企业技术需求及产业化情况等。报告结束后，与会专家及学会会员针对生物肥料的检测、应用、菌剂菌种筛选、生物肥料的产业化等内容进行了深入探讨与交流。此次会议的召开为生物肥料研制与应用领域的研究人员提供了一个学习和交流最新学科动态、发展趋势及研究热点的机会，同时也为从事生物肥料研究开发单位与生产企业间的协作与共同发展搭建了一个良好的交流平台。

生物肥料在农业生产中的作用学术研讨会现场

25.农村生活污水处置技术学术研讨会

2016年9月23日，学会在北京市农林科学院植物营养与资源研究所召开农村生活污水处置技术学术研讨会，30余名理事及会员参加会议。此次研讨会邀请中国农业大学胡林教授、中国环境科学研究院许春莲研究员、北京市农村经济研究中心薛正旗经济师、北京市农林科学院王庆华研究员和张成军副研究员等农村生活污水处置领域专家作学术报告。内容包括：地下渗滤系统在处理农村生活污水中的应用、农村生活污水处理及景观化技术、挺水植物对农药的消除作用等。本次研讨会以报告和讨论相结合的方式进行，报告结束后，与会专家及学会会员针对目前农村生活污水处置技术、运维模式、政策导向等内容进行了深入探讨与交流。

农村生活污水处置技术学术研讨会现场

26.北京地区土壤面源污染主要因素及防治对策学术研讨会

2016年10月25日，学会在北京市农林科学院植物营养与资源研究所召开北京地区土壤面源污染主要因素及防治对策学术研讨会，30余名理事及会员参加会议。此次研讨会邀请了中国农业大学王敬国教授、中国农业科学院苏世鸣研究员、北京市农林科学院刘宝存研究员等知名专家作学术报告。内容包括：农业生态系统氮磷的面源污染、微生物对重金属砷的吸收钝化、国家“十三五”面源污染，与重金属重点研发专项等。本次研讨会以报告和讨论相结合的方式进行，报告结束后，与会专家及学会会员就目前北京地区农业面源污染主要因素及防治对策等内容进行了深入探讨与交流。

北京地区土壤面源污染主要因素及防治对策学术研讨会现场

27.土壤盐渍化及重金属污染预防与修复技术学术研讨会

2016年11月18日，学会在北京市农林科学院植物营养与资源研究所召开了土壤盐渍化及重金属污染预防与修复技术学术研讨会，40余名理事及会员参加会议。此次研讨会邀请了中国农业科学院曾希柏研究员、中国科学院地理科学与资源研究所万小铭研究员、中国地质大学赵中秋教授、北京市土肥工作站文方芳高级工程师、北京市农林科学院刘善江研究员等专家作学术报告。内容包括：利用DGT技术同时测定土壤中的磷和砷、砷污染土壤植物修复技术的应用进展、重金属污染农用地安全利用探讨、京郊设施土壤次生盐渍化现状与防治措施、有机氮与无机氮不同配比对盐渍化土壤改良效果的初步研究等。报告结束后，与会专家及学会会员就目前北京地区土壤重金属和盐渍化现状、存在问题及防控技术手段等内容进行了深入探讨与交流。

土壤盐渍化及重金属污染预防与修复技术学术研讨会现场

28.国外农业面源污染防控与耕地质量保护关键技术研究与分析专题解析会

2017年1月18日，学会召开国外农业面源污染防控与耕地质量保护关键技术研究与分析专题解析会，会议由学会常务副理事长刘宝存主持。此次解析会邀请了中国农业大学李保国教授、中国农业科学院徐明岗研究员、北京林业大学孙向阳教授、北京市土肥工作站贾小红研究员等10余位专家就项目工作报告进行研讨与分析，并结合各自的研究领域，从宏观到微观，从机理到现象，从管理到生产，提出了适合我国农业发展实际的意见和建议。此次解析会以报告和讨论相结合的方式进行，与会专家及项目组成员还针对目前北京地区农业面源污染主要因素、防治对策、耕地质量保护及提升措施等内容进行了深入探讨与交流。此次解析会的召开对进一步细化完善项目研究内容，确保项目总结报告及专家建议的科学性、实用性，促进我国农业面源污染防控与耕地质量保护技术水平的提升以及相关政策、法规的出台具有积极推动作用。

国外农业面源污染防控与耕地质量保护关键技术研究与分析专题解析会现场

刘善江研究员在解析会上作报告

29.北京市农业废弃物资源化利用研讨会

2018年5月31日，学会在北京市房山区召开北京市农业废弃物资源化利用研讨会，学会常务副理事长刘宝存研究员主持会议。北京市农村工作委员会寇文杰主任、胡玉根处长，北京低碳协会吴建繁处长，北京市农林科学院植物营养与资源研究所李吉进研究员、薛文涛博士，中国农业大学李彦明教授，北京市园林科学研究院李芳研究员，北京养鸡业协会会长刘琦等受邀参会。

这次会议从政府、专家、企业3个层面探讨了制约北京市农业废弃物资源化利用的问题与障碍。会议内容包括：北京及其他城市农业废弃物利用状况，当前农业废弃物综合利用的处理方法，农业废弃物资源化利用中存在的问题和原因。通过学习借鉴国内外农业废弃物资源化利用经验，研究探索适合北京市的农业废弃物处理模式，参会专家通过有针对性地提出意见与建议，从而为制定与出台相关政策提供决策依据。

北京市农业废弃物资源化利用研讨会（寇文杰左一、刘宝存左二）

30.肥料和土壤调理剂使用安全性风险评价研讨会

2018年6月7日，学会召开了肥料和土壤调理剂使用安全性风险评价研讨会，农业农村部种植业管理司、全国农业技术推广服务中心、农业农村部耕地质量监测保护中心以及相关教学、科研单位专家和部分企业代表受邀参会。会议的召开是为了加强化肥、有机肥和土壤调理剂的监督管理，使废弃物资源化，同时保障土壤健康和肥力，使肥料登记管理更加科学安全，最后通过调研和收集资料文献总结出一套评价方法和评价指标体系。内容包括：分析肥料和土壤调理剂使用中可能存在的安全性风险问题，研讨肥料和土壤调理剂使用安全性风险评价的方法，并提出了相关管理制度设计建议，提出了肥料和土壤调理剂使用安全性风险评价课题研究提纲和需要调研的问题。

肥料和土壤调理剂使用安全性风险评价研讨会现场

31.农业农村绿色发展的学术研讨会

2018年7月10日，学会召开了农业农村绿色发展的学术研讨会，会议由学会常务副理事长刘宝存研究员主持。农业农村部科技发展中心郑戈处长、熊炜副处长，农业农村部环境保护科研监测所王农研究员、成卫民副研究员，农业农村部农业生态与资源保护总站徐志宇副研究员，农业农村部农村经济研究中心金书秦副研究员，北京市农林科学院植物营养与资源研究所邹国元研究员、薛文涛博士，北京市农村经济研究中心冯建国研究员等受邀参会。各位专家结合自己的工作领域分别对农业农村绿色发展发表了看法，这次研讨会的内容包括：国内外农业绿色发展的体制机制、监管与标准体系、第三方服务体系、安全生产和生态补偿机制、国内外制约农业绿色发展突出的环境要素与问题、区域特色田园生态综合体及农业农村“生态、生活、生产”——“三生”共融发展机制等。这次研讨会的召开为耕地质量保护项目调研提供了整体思路，对我国农业农村绿色发展以及国家“十三五”重点研发项目具有积极推动作用。

32.轮作休耕与耕地质量保护学术研讨会

2018年9月17日，学会召开了轮作休耕与耕地质量保护学术研讨会，会议由学会常务副理事长刘宝存主持，北京市农林科学院植物营养与资源研究所赵同科所长、邹国元书记、杜连凤副所长及学会50余名理事和会员参加会议。此次研讨会邀请了中国热带农业科学院南亚热带作物研究所所长徐明岗研究员和中国农业科学院农业资源与农业区划研究所曹卫东研究员分别作了题为“农田土壤有机质提升及化肥替代率的原理与技术”和“我国绿肥生产科研回顾与展望”的学术报告。内容包括有机肥碳利用效率计算方法、有机肥替代化肥前景解析、绿肥科研生产历史与发展、绿肥产业技术体系的构建与应用等。报告结束后，与会专家及学会会员针对有机肥施用对土壤pH和肥力提升的影响、土壤有机质维持及化肥替代技术、绿肥实用化技术等内容进行了深入探讨与交流。

轮作休耕与耕地质量保护学术研讨会现场

三、海峡两岸学术交流

经北京市科学技术协会联系，2008年8月，北京土壤学会常务副理事长刘宝存研究员带队，徐秋明研究员、张有山研究员、学会秘书长徐建铭、徐振同高级农艺师及区县有关负责人共20人赴台湾，针对缓控释新型肥料的发展方向、应用前景与存在问题等内容进行了学术交流。

徐秋明研究员介绍了北京市农林科学院植物营养与资源研究所（简称营资所）研制、开发及应用控释肥的情况。营资所从20世纪80年代开始进行复混肥、沸石包衣肥料等新型肥料的研发工作。目前，在控释肥料、生物有机肥料、保水肥料及基质筛选等领域的研究日益深入，并在全国率先形成产业基础，研究队伍也日益扩大，其中在控释肥的研究领域取得重大突破。在控释肥的养分释放模式方面，已经相继研发出匀速释放型（L型）和延迟释放型（S型）两种控释肥料，特别是S型控释肥的释放基本上实现了养分释放与作物生长吸收同步，从而大幅度提高了氮肥利用率。

目前，营资所在以下几方面走在全国同行前面：完成国内第一台包膜控释肥连续化生产设备研发；控释肥包膜新材料及生产工艺标准化制定；研制成功延迟释放型控释肥料的

海峡两岸学术交流中徐秋明研究员作报告

台湾大学土壤学院院长为海峡两岸学术交流致辞

参加海峡两岸学术交流的学者合影

多种作物专用肥配方及系列产品；完成保水缓释肥料的成果转化及规模化生产；研发出环保型快速降解低成本包膜材料；研发成功化学合成基质——脲甲醛泡沫基质。

徐秋明研究员进一步指出，在缓控释肥料的研究方面，要加强环保材料和废弃物的循环利用方面的研究，进一步研究多功能（保水、抗逆等）肥料和适合多种作物需要的专用肥料。

台湾同仁介绍了他们研发和应用缓控释肥料的情况。目前，台湾主要在水稻、蔬菜及水果上应用缓控释肥料。他们十分重视新技术的引进与推广，在高校设置专门的农业技术推广中心，在各地方有多种形式的协会组织，通过由分区建立的农场进行示范后逐步推广。从多地应用结果看，缓控释肥具有增产、节肥的作用，但也存在成本高，农民不愿意施用的状况。为此，他们把降低成本作为今后研究的重点。

最后，学会常务副理事长刘宝存作了总结发言，指出通过这次海峡两岸学者济济一堂切磋交流，共享两岸在缓控释肥料研发应用方面的硕果，有助于推动双方在该领域的进一步合作。希望今后能再有机会在缓控释肥等相关领域展开更广泛的交流与合作，加快推进新型肥料的研究进程，早日共享成果，为两岸百姓造福。

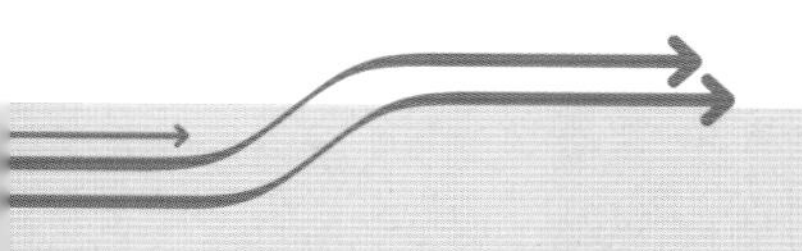

第三章 服务首都农业发展

根据北京土壤学会章程要求，服务社会是学会的重要任务。学会非常重视科技下乡活动，每年都组织专家到北京郊区考察，支援“三农”，通过现场指导、办培训班、开展技术咨询等多种形式把技术传授给农民，提高他们科学种田的技能。同时，也对首都的环境问题及广泛存在的农业技术问题进行调研，通过多种渠道向市政府及相关部门反映，为决策提供科学依据。

据不完全统计，自1978年以来，学会共举办科技下乡活动400多次，遍布全市各区县70多个乡镇，直接受益群众1万多人。

一、为首都农业、林业发展献计献策

（一）为全国土壤普查服务

1958—1960年开展了全国第一次土壤普查，也称农业土壤普查。全国第二次土壤普查（1979—1984年），学会理事长李连捷任华北技术顾问组组长，与席承藩院士共同组织召开

秘书长徐督（右二）在郊区考察

红壤土壤剖面　　棕壤土壤剖面

土壤普查野外取样

了华北地区土壤分类和调查技术的研讨会。会议在北京通县举行，会议确定了我国北方土壤的分类系统及普查程序和规范要点。通过野外实习，学员掌握了土壤普查的技术方法。因此，北京市举办的第二次土壤普查培训班不仅为我国北方15省（自治区、直辖市）培养了人才而且提供了具体的技术实施方案，为我国第二次土壤普查作出了重要贡献。

（二）对北京山区进行综合考察与规划

1963年，在北京市科学技术委员会和北京市科学技术协会领导下，学会理事长李连捷组织市科研机构和高等院校师生近百人，对北京山区进行了综合考察。他们到门头沟区妙峰山地区进行土壤与环境调查，提出扩大红玫瑰灌木林种植，既可提高农民收入，又能保持水土。针对怀柔县山地水源未能应用在农业上，降水随地表流失的情况，建议引水截流，即在干河床上凿浅井蓄引地表水，使麦田有充足的水源进行灌溉。在水土流失严重的地区，则建议修建水平梯田，并禁止在坡度25°以上的坡地上耕种。考察队还对山区的核桃、板栗和草药等适合种植植物的土壤资源进行了调查，推动了当地农、林、牧、副业的全面发展。

学会理事长李连捷在北京山区考察

（三）碳酸氢铵的推广应用

1963年，北京化工实验厂碳酸氢铵投产，因挥发性强，开始施用时出现烧苗现象，厂方联系北京土壤学会，希望解决此问题。学会组织现场会，由科技人员当场演示碳酸氢铵施用方法，同时与北京农业机械学会合作，制造了简易的碳酸氢氨施肥机，解决了烧苗问题，为北京市又新添了一种氮肥。碳酸氢铵的推广应用对解决氮肥不足的问题起到了重要作用。

（四）磷矿粉肥效的提高研究

通过第一次土壤普查，发现京郊土壤普遍缺磷，耕层土壤含磷量（P_2O_5）多数低于5毫克/千克，成为限制产量的主要因素之一。当时我国没有自产磷肥，又因外汇不足，不能购买足够的磷酸铵，只能从摩洛哥进口磷矿粉，直接施用效果不好，农民不愿意用，有的甚至用来铺路。为此北京土壤学会与北京市农业科学研究所土肥室联系，在顾庄基地开展提高磷矿粉肥效研究，经过试验成功推广了磷矿粉与有机肥混合堆肥的措施，利用有机质腐烂产生的有机酸，提高磷矿粉的肥效，这对当时推广磷矿粉发挥了很大作用。

（五）盐碱地改良与先锋作物培育的研究

20世纪60年代初，北京通县、大兴县有60多万亩盐碱地，为低产地区，因此北京土壤学会与首都师范大学地理系霍亚贞教授联系，促成与北京市农业科学研究所土壤室王关禄联合攻关，取得北京市科学技术委员会立项支持。经过3年试验，提出了深耠浅盖、大水压盐、躲盐巧种等保苗配套技术，成功育成田菁1 ～ 3号等适于北方生长的新品种，作为盐碱地的先锋作物。1963年，王关禄先生在北京市科学技术协会举办的全市学术报告会上作了学术报告。

（六）帮助密云农业综合发展示范基地制定全面发展规划

1984年，北京土壤学会土壤组邀请北京林学会专家一起到密云县高岭乡四合村（农业部的农业综合发展示范基地）考察，学会张国治等3人在该基点蹲点。通过考察，专家提出要从整体上作全面发展规划，建议从土壤普查做起。张国治等人遵从专家意见对全村进行了土壤普查，并帮助村里制作了因土种植的作物布局规划图。

土壤专家张国治（右三）在密云四合村调研

专家在密云高岭乡四合村考察取样

（七）对怀柔进行农业技术指导

1985年秋，学会理事长毛达如会同北京林业大学、首都师范大学多位专家到怀柔县考察沼气池建设以及西洋参、板栗种植情况，当地农民反映近些年板栗产量低、病虫害多，专家仔细了解有关板栗的栽培管理情况，指出要从品种更新、提高修剪技术、施用微肥等方面提高管理水平。

曹庆昌专家现场作板栗修剪指导

（八）门头沟冬季土肥培训及西范沟农场生产发展规划的制定

1985年，学会在门头沟举办冬季土肥培训班，请黄德明、褚天铎等专家为全区40多名土肥技术人员讲解作物施肥、微肥施用技术。1986年，著名土壤学家、北京土壤学会名誉理事长李连捷院士出于发展山区、致富村民的愿望，多次到门头沟斋堂镇西范沟农场考察，他不畏天气炎热，踏坡登高，参观牧场，主动为农户联系牛羊良种，为农场的经营管理出主意想办法，帮助当地解决存在的困难。北京市农林科学院土壤肥料研究所土壤专家张国治带领青年人为西范沟搞土壤普查，制作了西范沟农场的生产发展规划。门头沟区长陶铁男两次前往西范沟看望李连捷院士、张国治先生，感谢他们对门头沟作出的科技扶贫贡献，西范沟农场还向学会赠送了一面锦旗，以示感谢。

李连捷（左三）、徐督秘书长（左一）等专家专察山区

（九）全市行道树考察与管理建议

1990年是我国举办亚运会之年，学会为此召开常务理事会，研究为亚运会办件实事。经研究和北京市林业局合作对全市开展一次行道树考察。学会邀请北京林业大学、首都师范大学有关专家对长安街等主要街道行道树现状进行调查。通过调查发现行道树生长不良，主要原因是土壤的理化性状变差，一方面是物理因素，如由于外力作用，土壤结构变得紧实不利于树木吸收水、气；另一方面是污染因素，如城市交通、城市生活垃圾及工业等。鉴于上述原因，专家提出改善树木根系土壤理化性状的建议，上交市相关部门。

（十）参与密云泥石流灾害防治工作

1991年5月，密云县冯家峪乡发生泥石流灾害，给山区人民的生命财产带来危害。灾后，北京土壤学会及时组织有关专家前往冯家峪乡进行实地考察。专家指出，山地地面坡度大、砂石层厚、土壤含水量大是泥石流产生的重要地理条件。当地有关部门按专家提出的建议，在一些地方进行了排查，预防了泥石流灾害发生。同年9月，学会还组织人员参加北京市科学技术协会召开的“首都自然灾害与减灾对策学术讨论会”。

（十一）考察天安门广场油松生长状况

天安门广场周围油松树势衰弱现象引起各界人士关注，北京土壤学会把解决这个问题作为一项重要任务。1991年6月，学会的植物营养、土壤微生物等专业组专家对天安门广场的油松进行了现场考察与讨论。专家认为，天安门油松树势衰弱日趋严重，死株逐年增加的主要原因有：土壤紧实，根系活动范围窄小，影响树体对水、肥、气的正常吸收；来往车辆多，粉尘和废气造成空气污染；天安门广场雪后撒盐融雪，含盐的雪堆积在树池，池中土壤盐渍化侵害了油松，加速了树势的衰弱。根据上述原因专家提出了解决问题的建议，并以学会名义直接反映到市相关部门。

陈伦寿等专家对天安门广场油松进行现场考察

（十二）研讨与考察小麦氮素调控技术

推荐施肥的研究是我国“七五”重点攻关项目，其中小麦氮素调控技术属于新技术，为使这一技术成果尽快轻化，学会于1991年首先在北京市主要粮食产区顺义县进行试验示范。技术顺利推广的关键是要有先进的测试手段，1992年学会组织了有关专家和生产主管人员，在顺义进行了“仪器分析与推荐施肥应用”的考察与研讨，以此工作推动该项技术的应用。1992年顺义全县53万亩小麦推广应用该技术，每亩小麦增收21千克，并且节约了大量化肥，年增收达600万元，为该项技术进一步在全市的推广应用打下了基础。

（十三）考察蔬菜大棚二氧化碳施肥技术

二氧化碳（CO_2）是植物进行光合作用生产养分物质的原料，一般情况下空气中CO_2浓度越大越有利于光合作用，合成的有机营养物质越多，越有利于农作物的生长。蔬菜大棚施用CO_2是一项比较成熟的技术，增产增收效果明显，特别是提前成熟、早上市可使农民收入大大提高。为使这项技术尽早在北京推广，1992年11月，北京土壤学会组织了部分会员对丰台蔬菜大棚进行了现场考察，肯定了CO_2施肥效果，并对CO_2在大棚中各部位的测定方法提出了很好的建议，特别要注意光照度、土壤含水量、气温等因素的影响，还要明确棚内CO_2浓度是否需要补充，只有在CO_2短缺的情况下施用CO_2才有效果。

（十四）有机肥生产与绿色食品生产技术指导

1994年1月，北京土壤学会组织土壤环境保护、植物营养、土壤专业组30余名专家，到农业部绿色食品基地东北旺农场考察，内容包括：肥料堆沤现场、保护地蔬菜生长情况和蔬菜污染检测设备。同时，还对绿色食品和肥料的关系进行了研讨。专家们认为在生产过程符合绿色食品标准的情况下，应对化肥有正确的认识，绿色食品和使用化肥并不矛盾。在使用有机肥的基础上，适当使用化肥，但一定要控制用量，还要严格掌控氮肥的追肥时间。以油菜为例，每亩施5 000千克有机肥和25千克硫酸铵追肥，追肥三天后油菜中的硝酸盐含量为5 372毫克/千克，14天后降到877毫克/千克，18天后降到653毫克/千克，符合绿色食品推荐标准，即绿色食品蔬菜的最后追肥时间应该在采收前15 ～ 20天为宜。专家认为有机肥堆沤的传统技术应保持，增加有机肥，发展菌肥，控制氮肥的使用十分必要。

（十五）在京郊推行维持性施磷的施肥技术

北京土壤学会还经常组织专家针对北京市农业发展过程中遇到的热点、难点问题举办研讨会。1995年，学会将多次研讨会的情况写成专题报告向市政府及有关部门汇报。郊区农田因大量施用磷酸二铵，土壤中磷的含量增加很快，一些地方不顾土壤是否缺磷，盲目施用磷酸二铵，不仅增加了农业成本而且浪费了资源。针对这种情况，学会请北京市农林科学院植物营养与资源研究所的沈汉先生写了“关于在京郊推行维持性施磷的施肥技术”的报告，即当土壤中磷（P_2O_5）的含量超过46毫克/千克时，可以将磷肥用量减少1/3，这项报告送到北京市农村工作委员会，引起了相关领导的重视。

（十六）积极开展山区科技扶贫

1998年，北京土壤学会与山区课题组共同开展对贫困山区的人才培训和科技下乡等各种活动。在怀柔、密云、平谷等7个县共开办了10次培训班，参加的农户和干部2 000余人。除了讲授果树、蔬菜、畜牧等专业知识外，还赠送了专业书籍和挂图。

聘请板栗专家蓝卫宗在平谷县镇罗营镇作了板栗栽培技术报告，曹庆昌专家在门头沟区作了核桃栽培管理的技术报告。组织专家去门头沟区清水镇开展科普活动，向农民介绍京白梨的施肥技术，长效复混肥在果树、蔬菜、经济作物的施肥技术和增产效果。

（十七）大力推进生态农业发展

2001年5月21日，北京土壤学会与北京市土肥站在顺义区良山猪场召开了“治理畜禽污染发展生态农业”的现场会，来自北京市农业局、北京市土肥工作站、北京市畜禽办、北京市能源办、顺义区农业局和乡镇等单位的70多人参加会议并考察了良山猪场污染治理及加工有机肥示范点、顺义区北郎中生态农业示范园及有机肥加工示范厂。引导各区县畜牧、能源、土肥等部门联合起来，开展种养结合，发展绿色养殖业，开展畜禽粪便无害化、资源化利用，加工有机肥，开展安全食品生产，促进北京市农业生产可持续发展。

（十八）开展有机肥替代化肥技术推广

2002年5月20日，北京土壤学会和北京市土肥工作站在北京市大兴区采育镇举办“粪污综合治理与有机肥使用现场会”，各区县土肥系统、乡镇科技站的科技骨干和农业大户共60多人参加了会议。此会的中心内容是：研讨北京市农业生产在化肥用量上要减少1/3至1/2，从而减少化肥过量施用造成的污染，提升农产品品质。由此而出现的问题是因化肥用量减少，产量下降。因此要发展有机肥，用有机肥代替部分化肥，通过试验研究环保型有机肥及其科学的替代量。

（十九）示范推进现代农业发展

2003年，北京土壤学会与北京市土肥工作站合作，在顺义区南彩镇召开“节水农业现场会”，针对北京市缺水、如何保水、怎样合理用水等问题开展现场示范研讨。在会上科技人员谈了节水的关键技术，与会的30余人对此技术开展了讨论，提出了节水的方法和保护好水资源的有效措施。

在平谷区召开各区县有关技术人员和农业大户参加的现场观摩示范会，80余人参加会议。请有关专家讲解大桃营养规律和灌溉需水的关系；演示了大桃中硝酸盐和钾快速测定诊断技术；观摩了大桃营养调控和水肥一体化的试验基地。与会人员一致认为这次活动效果很好，受益匪浅。

（二十）开展耕地质量管理技术培训

2005年5月17日，北京市土肥工作站和北京土壤学会组织的“北京市耕地质量管理技术培训班”在北京市农业局农业干部培训中心举办，各郊区县种植业服务中心和农业科学研究所的相关人员共80余人参加了此次培训。培训的主要内容是“耕地质量动态监测、地力分级和耕地质量管理平台建设”项目的实施方案。北京市农业局李继扬巡视员在培训班上讲话，对该项目实施的背景和意义进行了深刻阐述，并对下一步工作的开展提出了宝贵的意见和建议。培训班邀请时任中国农业大学资源与环境学院院长张福锁教授和科学与信息技术中心主任黄元仿教授分别对“土壤氮、磷投入及预警指标体系的建设”和“土壤质量管理信息平台建设与应用”作了生动精彩的报告，促进了与会者对目前京郊农田养分投入特征和面源污染现状以及控制途径的了解，并使与会者对信息技术在北京市土壤质量管理工作中的应用现状和方式有了基本的认识。

（二十一）肥料标准化生产和配方施肥技术培训

2005年5月19日，北京土壤学会肥料专业委员会副主任徐振同主持召开“丰台区肥料生产厂法人技术培训班”，此次培训是为了配合2005年农业部提出的配方施肥宣传月以及春耕期间农资打假工作而进行的。参加培训的单位有北京市京卢生物有机肥厂、北京保农丰科技有限公司、北京德之馨科技有限责任公司、北京双龙阿姆斯科技有限公司、北京中龙创科技有限公司等。培训主要内容是肥料生产配方原则和肥料使用技术、全区肥料生产现状、存在问题及改进办法。到会的所有法人一致表示这次培训班举办得很及时，对企业的发展非常重要，其目的在于沟通情况，联络感情，交流信息，技术研讨，共同发展，为丰台区生产出更多的优质肥料而努力。

（二十二）蔬菜、果树施肥与栽培技术培训

2008年5月23～26日，北京土壤学会与丰台区农业局联合，在王佐乡、长辛店乡、花乡、南苑乡等地进行技术培训。土肥专家重点讲述如何识别真假化肥，科学地施好蔬菜、

植保专家石宝才向种植户讲解病虫害防治技术

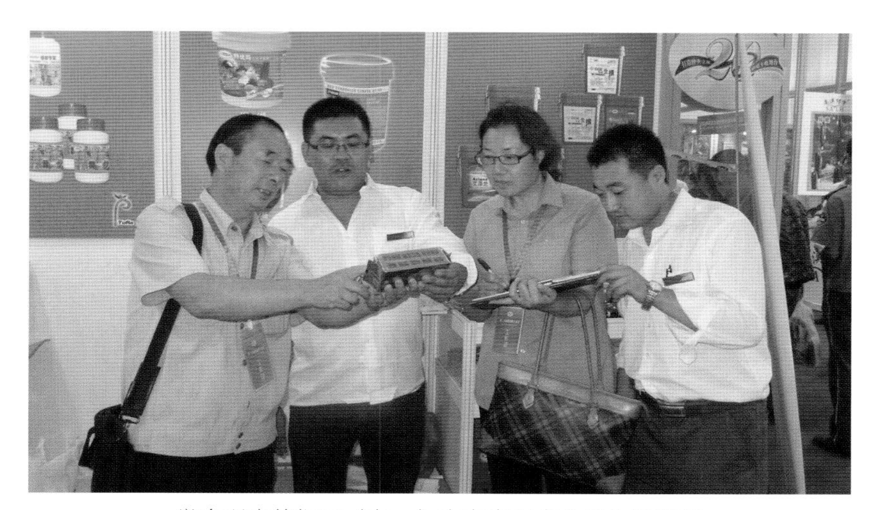

学会理事徐振同（左一）在向参观者介绍生物制剂

果树控释肥，有针对性地施好微量元素硼；植保专家讲述不同作物如何合理使用农药；果树专家讲述果树的管理和栽培技术。此次技术培训活动有300多人参加，发放宣传材料和挂图1 500多份，很受农户的欢迎。

（二十三）沼液滴灌技术示范

北京土壤学会与北京市农林科学院植物营养与资源研究所于2009年8月15日在大兴区留民营村召开“有机农业示范区沼液滴灌技术示范会”，学会常务副理事长刘宝存主持会议。此次会议是以沼液的资源再利用为核心，通过工程措施对沼液进行三级处理，实现了沼液无堵塞过滤，将沼液与水混合后在蔬菜上进行灌溉施肥，效果显著，产量可提高10%。留民营镇沼液滴灌设备及沼液在有机蔬菜上的应用，是由北京市农林科学院植物营养与资

刘宝存研究员在会议上作报告

刘更另院士（左四）等专家现场观摩沼液滴灌示范工程

源研究所科研团队设计和研发的技术，这套滴灌设备由三部分组成：沼液发酵储存及粗过滤系统、沼液细过滤和浓度自动配比系统、田间沼液灌溉系统。

这套系统有三个创新点：采用曝气冲洗过滤网，提高过滤网的过滤功能；采用水气联动反冲洗，提高了工作效率；根据不同作物对养分的需求，按沼液与水不同比例不同浓度进行科学配方满足作物的需求，如牛粪沼液与水的比例为1 ： 3，鸡粪沼液与水的比例为1 ： 5。

（二十四）密云蔬菜种植技术培训

2009年9月14日，北京土壤学会和北京市土肥工作站、密云县农业技术推广站，在太师屯镇举办蔬菜种植技术培训班，当地蔬菜种植大户和农户代表40余人参加培训。培训活动中对秋冬茬蔬菜越冬前栽培过程中土肥、节水、植保等方面需要注意的问题进行讲解，并对各项技术的要点进行了现场指导。所谓秋冬茬蔬菜是指夏末秋初，7 ～ 8月播种育苗，9 ～ 10月定植，11 ～ 12月开始收获，直到翌年1月结束，主要有黄瓜、番茄、甜（辣）椒、茄子、芹菜等。对秋冬茬蔬菜的管理主要注意以下几点：要选择抗寒性较强、早熟、较抗病的品种；掌握好播种期，过早则苗期温度高易感染病害，过晚则因生长期短产量低，一般以10月上旬至11月上旬较适宜；整地施足基肥，每亩施有机肥（发酵后）6 000 ～ 1 000千克，施过磷酸钙50 千克；栽植密度每亩3 500 ～ 4 000株；定植后及时浇定植水，在生长期间适时浇水追肥，保持土温不低于15℃，及时防治病虫害。在会上还发放了《有机肥培肥地力的宣传手册》百余份，深受广大菜农的欢迎。

蔬菜种植技术培训班现场

（二十五）低碳节能防污染调研

2010年8月6日，北京土壤学会组织土肥方面的专家去密云县太师屯镇太师庄村进行“低碳节能防污染的调研”。参加调研的专家有北京市农林科学院植物营养与资源研究所刘宝存、徐建铭、安志装等。村主任介绍了太师庄村的基本情况，全村440户、1 100口人，耕地面积1 050亩。密云水库的污染主要是由农业生产区使用化肥带来的氮磷污染，为了防治污染，北京市农林科学院植物营养与资源研究所在坡耕地建立了农业面源污染防控示范区。防止水土流失，在9个坡耕地防控氮磷流失，定期进行观察。在坡耕上间作不同作物，防止水土流失。利用生态模式生产饲料用桑，在20亩坡耕地上饲养油鸡，散养肉蛋兼用鸡，并防治作物虫害。通过以上不同作物间作套种，减少水土流失量为3.9%～92.2%，花生间作模式可减少水土流失量44.2%～70.6%，有机立体防控技术可减少50%径流对水源的污染，实现有机生产系列措施，2 000亩坡耕地立体防控示范区可减少污染物流失11吨，增加农民的经济收益20万元。

通过调研，专家们进一步体会到保护密云水库不受污染是一项重要任务。在坡耕地进行不同作物的间作套种是一项防治氮磷污染的有效技术措施，今后要加强此方面的工作；不要盲目施化肥，造成对环境的污染；要重视科学种田，对农村要进行技术培训；要科学量化施肥，进而达到增产增收、保护环境、利国利民的目的。

（二十六）全科农技员土肥技术培训

2013年3月20日，北京土壤学会与北京市土肥工作站联合在房山区举办了“全科农技员土肥技术培训班”，100多名乡镇农技员参加了培训。培训中，学会副理事长赵永志站长等土肥专家，就强化土肥工作的重要性、土壤有机质提升、测土配方施肥技术应用、常用肥料识别方法等方面的土肥技术进行授课。同时为了强化培训效果，还组织了现场测验，检查学员们的学习效果，并向到会的农技员发放了《土肥技术手册》《配方施肥推荐与应用》等科普资料共计2 000余份。同年4月3日，学会与北京市土肥工作站合作，在延庆县举办了“全科农技员土肥技术培训班”。邀请土壤专家、肥料专家、农技推广专家为全县100多名乡镇农技员进行了土壤培肥管理、耕地质量提升、科学施肥方面的技术培训。

（二十七）北京市土壤博物馆建设指导

2014年6月10日，北京土壤学会副理事长田有国、贾小红、黄元仿等赴房山指导北京市土壤博物馆建设。北京市土壤博物馆是我国北方地区第一个由县级技术推广部门牵头建设的具有北京地方特色的博物馆，目前已经是“全国青少年农业科普示范基地”，获2014年度北京市科学技术协会北京市财政局“优秀基层科普场馆”。

学会副理事长田有国（左一）等赴房山指导北京土壤博物馆建设

（二十八）为古树看病

2014年6月10日，受北京中农纯静园林科技有限公司总经理董艳邀请，北京土壤学会常务副理事长刘宝存、理事左强和北京林业学会白金先生，对中南海古树（白皮松）生长情况进行调研。通过现场考察和取土化验分析，专家认为造成古树生长不良的主要原因是：树下土壤坚实，根系活动范围小，如同将一棵大树固持在一个地下花盆中，影响其对水、肥、气的正常吸收；树池低于院落整体硬化地面，降雨后地表径流水直接灌入池中，时常出现根区多日淹水状态；冬季雪后含盐等融雪剂堆积在树池，造成古树慢性中毒，树势衰弱。针对上述问题专家提出了古树复生管理的解决方案，并将建议通过北京中农纯静园林科技有限公司直接反馈到中南海管理古树的相关部门。

北京林业学会白金（左一）、北京土壤学会左强（左二）在为中南海古树取土诊断

专家对中南海古树生长情况进行现场调研

（二十九）平谷区土壤质量保育与提升调研

2017年5月，北京土壤学会受平谷区科学技术协会（以下简称“区科协”）委托“开展平谷区土壤质量保育与提升调研”。针对平谷区土壤环境质量、土壤肥力、地下水质量、农业废弃物等农业资源与环境现状，组织中国农业大学、中国农业科学院、北京市农林科学院、北京市土肥工作站、平谷区农业科学研究所等学会理事单位的专家，先后进行8次科技下乡与研讨交流。依据平谷区“十三五”国民经济和社会发展规划，都市型现代农业发展规划，区土壤、水污染防治工作方案等，以2005年平谷区测土配方施肥、土壤环境质量调查数据和2005年、2015年土壤及地下水十年定位检测数据，结合2005年、2015年平谷区农业统计年鉴自然、社会、经济的变化数据和各会员单位在平谷区开展的相关科研试验数据等材料，听取了区科协组织的平谷区农委、农业局、畜牧局、果品办公室及国内相关领域专家的意见建议，经讨论，形成了“平谷区耕地质量保育与提升对策”报告，揭示了平谷区目前土壤肥力、土壤环境、地下水质量、农业废弃物的现状、问题及解决措施等，从技术层面为平谷区政府农业科学管理和相关政策的制定提供依据。

平谷区土壤质量保育与提升对策研究项目论证会现场

（三十）农业技术培训

2017年，北京土壤学会承担了于密云区（1月10日）、大兴区（7月15日）和顺义区（12月11日）举办的3次农业技术培训。根据北京农业发展和各区科技需求，刘宝存研究员作了题为“农业面源污染防控与农产品安全”的报告。他结合国家建设美丽中国，推动工业化、信息化、城镇化、农业现代化同步，以及《全国农业现代化规划（2016—2020年）》和“十三五”期间农业现代化的基本目标、主要任务、政策措施等，从农业面源污染形势与现状、研究进展及防控与减排技术方面讲述，并从全国到北京市再到郊区深入浅出，报告很接地气，得到与会人员的高度评价。

刘宝存常务副理事长在培训会上作报告

二、科技下乡，开展科普活动

农民是我国农业发展的主力军，农民的科学素质高低对我国农村的发展至关重要，北京土壤学会通过科技下乡、办培训班等多种形式开展科普活动，土壤、植物营养等专业组专家把专业知识以通俗的方式传授给农民，使他们学会科学种田、科学管理的技能，开启他们的创造力，成为种田的高手。

（一）首届北京市科普巡回展

1996年，北京土壤学会协助北京市科学技术协会举办首届北京市科普巡回展，精心编辑了6块板报，即北京市耕地资源、提高化肥利用率、土壤施氮过多的危害、沸石的妙用、生物肥料、长春藤专版，在全市18个区县巡回展出。

（二）通州、顺义技术服务与咨询

1998年，北京土壤学会去通州区宋庄北浮头村和顺义县孙各庄村开展技术服务和技术咨询，重点内容是向农民讲解在沙土地如何改良土壤、培肥地力，如何在不同的地力条件下和不同作物上，使用不同专用复混肥。与此同时，还向农民讲解过量盲目使用化肥会造成减产、品质下降，如番茄、黄瓜等蔬菜口感变差等问题。同年5～6月去顺义县开发区和大兴县开发区，向乡镇技术员和农户讲解小麦电脑推荐施肥技术，过去的施肥方法，靠经验和定性施肥，而现在应用电脑技术，可以准确地确定作物什么生育期施肥？施多少？做到定量化科学施肥。

（三）板栗疏雄与科学施肥技术示范

2001年5月22日，北京土壤学会组织4名专家到怀柔县九渡河镇召开“板栗疏雄花和科学施肥的现场观摩示范会”，与会的果农有130人。九渡河镇高军镇长介绍全镇板栗生产和增产状况。板栗专家曹庆昌讲解疏雄花的关键技术：板栗的雄花太多，养分消耗量太大，影响板栗的正常生长，在关键生育期必须打掉多余的雄花，这是保证板栗丰收的关键。果树专家兰卫宗向农民讲解了板栗的管理技术，如发现红蜘蛛应及时打药。肥料专家徐建铭讲解板栗的施肥技术，板栗要重视钾肥的施用，科学施好硼肥，巧施磷肥。5月最适合喷施叶面肥，不仅可以增加营养，还可以增加水分，有利板栗的生长发育和结果成熟。

果树专家曹庆昌现场讲解板栗管理关键技术

（四）粪污综合治理与有机肥加工使用现场会

北京土壤学会和北京市土肥工作站于2002年5月20日在北京市大兴区采育镇举办“粪污综合治理与有机肥加工使用现场会”，参加的单位以区县土肥相关单位、乡镇科技站和农业大户为主，共60人参加。此会的中心内容是研讨北京市农业生产在化肥用量上如何做到减量不减产。大家认为减少化肥用量必须发展有机肥，用有机肥代替部分化肥。但粪便污染极为严重，如重金属和有害菌等，因此粪便要经过综合处理后才能使用，与会人员提出许多办法，要通过研究和试点，推广环保型的有机肥。

（五）樱桃种植现场会

2003年9月24日，北京土壤学会与丰台区农业科学研究所联合召开了樱桃种植现场会，学会的负责人和丰台农业科学研究所科技人员在会上讲解樱桃树的种植方法、管理技术要点、施肥方法。樱桃种植要把好七个环节：（1）园地要选择地势高、不积水、地下水位低的地方，土壤要选土层深厚、透气性好的沙壤土。（2）品种要选果大、成熟早、丰产、抗逆性强的品种。（3）做好播种、育苗。（4）栽植定株，采用小坑深栽浅埋的方法。（5）水肥管理要旱时能浇、涝时能排，在生长期间追肥两次，浇水时可施用少量有机肥。（6）可人工放养蜜蜂授粉。（7）果实采收经过3～5年生长期后可结果，分批采收，采收时要保留果梗，最好在晴天或傍晚进行。

在现场会上，科技人员向农民示范操作，使农民掌握了种植技术，扩大樱桃种植面积，促进农民增收。

（六）平衡施肥现场会

2003年9月28日，北京土壤学会与北京市土肥工作站合作，在通州区漷县镇召开平衡施肥现场会。漷县镇的领导介绍了在玉米上开展平衡施肥的操作方法和增产效果，北京市土肥工作站技术人员讲解平衡施肥的技术要点。所谓平衡施肥，就是用科学合理的配方，施好有机肥和无机肥及微肥。根据不同作物，通过化验缺少什么肥补什么肥，达到土壤和植株体内营养平衡，满足作物生长需要。平衡施肥既能节省肥料又可增产提质，还能避免因盲目施肥造成对环境的污染。与会的同志们进行热烈的讨论，大家表示要推广平衡施肥的先进技术。

平衡施肥培训会现场

（七）平谷大桃生产科技服务

2008年3月27日，学会与北京农业生产资料有限公司联合在平谷区大华山镇召开为“三农”服务的科技下乡活动咨询会。镇长介绍了全村的农业发展状况、种植面积以及大桃生产中存在的问题。学会的领导介绍了这次下乡的单位及专家，有北京市农林科学院植物营养与资源研究所、北京市农林科学院植物保护环境保护研究所、中国科学院北京综合研究中心以及美国陶氏益农（北京）公司的专家。与会专家与农民进行了积极交流与互动，参会农民咨询的问题很多，主要集中在桃树施好控释肥、施好农药和做好管理等方面。

（八）草莓连作障碍防治技术示范现场会

2009年4月，学会与丰台区农业科学研究所合作举办了草莓连作障碍防治技术示范现场会。丰台区长辛店镇的太子峪村和张家坟村、王佐镇洛平村等地种植草莓200多亩，因土传病害严重，减产30%。采用微生物制剂技术，防治土传病害效果极好。利用现场示范，专家们给农户讲解了草莓病害防治技术和科学种植技术。本次现场会为提高当地草莓产量和品质，增加农民的收入，促进新农村的建设，促进都市农业发展提供了科学保障，受到广大农户的热烈欢迎。

（九）有机肥科学施用技术

2009年4月，北京土壤学会和北京市土肥工作站、大兴区种植业服务中心、大兴区农业科学研究所技术人员来到大兴区长子营镇车固营一村，就有机肥的科学施用技术进行了宣传并对当地农户进行了培训，共50余村民参加了此次培训。专家们对农户提出的有机肥用法、用量及注意事项等问题进行了详细讲解，深受广大农民欢迎。培训活动中同时发放了《有机肥施用技术手册》50本，《测土配方施肥技术指南》40本，施肥技术指导光盘40张。

（十）新开垦菜园有机肥科学施用技术

2010年4月28日，延庆区科学技术协会特邀学会的4名专家到延庆区，讲解新开垦菜园有机肥科学施用技术。主要内容有有机肥的种类、有机肥培肥地力的技术、有机肥的制造方式等。专家和农民还在现场观看了番茄、青椒的大棚生长状况。针对农民的提问，专家进行解答，此次活动有40多名农民参加。

土肥专家徐建铭讲解菜园有机肥施用技术

（十一）农林废弃物肥料化利用调研

2010年7月14日，北京土壤学会组织北京市土肥工作站、丰台区农业局、北京市农林科学院植物营养与资源研究所的专家，一行8人去丰台区花木集团花乡肥料厂进行调研。学会专家刘宝存、赵同科、徐建铭、贾小红，丰台农业局的专家冷如新、徐振同，与肥料厂的程立新、李京国同志进行座谈。经介绍在未办厂之前，农民燃烧秸秆，到处乌烟瘴气，污染环境。菜田的瓜藤、烂菜秧堆积成山，臭味熏天，蚊虫、苍蝇到处都是，生态环境受到了极大的破坏。区里多次提出要改进这种状况，但都没有好办法。直到2008年，经过科研单位尽心研究，才找到把烂菜秧、瓜藤、杂草、秸秆经过处理，制成有机肥的工艺技术。此肥料厂当时是北京唯一用有机废弃物为主材的有机肥生产厂。此项工作意义极大，是农业循环经济的好办法，是低碳节能的农业可持续发展的最佳途径。此次调研，收获极大。

学会专家到丰台区花木集团花乡有机肥料厂调研

（十二）低碳节能沼渣、沼液开发利用调研

2010年9月12日，北京土壤学会组织北京市农林科学院专家李吉进、徐建铭、孙钦平、李顺江等10人去大兴区长子营镇留民营村调研。主要内容是低碳节能沼渣、沼液的开发利用。据村主任的介绍，留民营村地处于北京市东南郊，全村268户人家，861人，耕地面积1 000亩。2008年工农的总产值为2亿元，人均收入1500元。留民营村是我国著名的生态第一村，也是北京市有机农业示范基地，以生产蔬菜、粮田、水果的绿色食品而闻名全国。留民营村重视农业可持续发展，搞农业循环经济，把有机废弃物经过发酵处理制成沼气，全村家家利用沼气照明、做饭、发电、洗浴等。沼气的下脚料是沼渣、沼液，它们的养分含量很高，沼渣中氮磷钾含量达7.9%，有机质含量达到42.9%。经过试验，增产效果较好，

学会组织专家到大兴区长子营镇留民营村调研

学会组织专家李吉进（右三）、徐建铭（右二）、李顺江（右一）进行现场考察

蔬菜产量可提高15%，养分利用率较高。沼渣、沼液配施以后可降低蔬菜中硝酸盐含量，还可提高维生素C的含量，达到增产提质的目的。留民营村已能把沼液灌溉进行配套，每小时可滴灌60亩，当时已把沼液接通到16个温室、21个大棚，定时、定量进行灌溉，具有较高的经济效益和生态效益。

通过调研，对沼渣、沼液使用的意义更为明确，其应用技术应大力推广。把有机废弃物合理再利用，节省能源，改善生态环境，发展新农村，促进农业现代化早实现。

（十三）有机废弃物再利用现场观摩会

2010年9月，北京土壤学会于丰台区花乡肥料厂召开“有机废弃物再利用现场观摩会”，来自中国农业大学、中国农业科学院、中国科学院地理科学与资源研究所、中国林业科学

学会组织专家邹国元（右一）、袁士畴（右二）、徐建铭（右三）、刘宝存（左二）、徐振同（左一）等对有机废弃物综合利用现场进行观摩

院林业研究所、北京市农林科学院植物营养与资源研究所、北京市土肥工作站、北京农学会、华人有机农业学会等单位的60多位专家和科技人员参加了会议，学会常务副理事长刘宝存研究员主持会议。丰台区花乡肥料厂负责人对建厂历史和有机废弃物生产有机肥的过程进行了详细介绍。袁世畴、杨承栋、王旭、吕贻忠、贾小红等专家发言，与会人员进行了讨论。之后参观了丰台区花乡肥料厂，大家认为此厂创办得很及时，解决了有机废弃物科学处理和再利用问题，肥料质量好、效益高，是北京市有特色的、有创新的一个肥料厂。

（十四）“7・21”洪灾调研

2012年8月10日，学会常务副理事长刘宝存、学会秘书长徐建铭、理事徐凯等一行5人去房山区周口店镇进行考察。7月21日，北京当天降水量达185毫米，发生特大暴雨、山洪泥石流灾害，给人民群众生命财产带来重大损失。洪灾造成该区25个乡镇均不同程度受灾，约损失农作物12 225公顷、畜禽17万只、设施大棚2 000公顷。

周口店镇更是重灾区，有些村的多数房屋被大水冲走，大韩继村有机肥料厂的肥料被冲刷一空，农田被冲毁和淹没，新土层、沙砾层暴露表面，农民已无法种植庄稼。北京土壤学会与房山区农业科学研究所协作，提出要调理和改良周口店镇过水的土壤，因地、因

“7・21”洪灾中被淹的农田

“7・21”洪灾中倒塌的设施大棚

时恢复农田种植的建议：对于淹水过水地，仍有作物生长的农田，立即排水，根据作物情况及时适量补充氮肥；对于已冲毁的农田，在改土的基础上，抢种一些抗性强、生育期短的粮食、蔬菜作物品种等。力争减少和弥补自然灾害给农民带来的损失。

（十五）新型肥料调研

2014年6月11日，学会秘书长刘宝存带领4名肥料专家，去顺义区南彩镇化肥厂，商讨新型肥料的研制和推广问题，肥料厂厂长和肥料专用户介绍了新型肥料的增产效果，并探讨了未来的发展和推广应用方向。

学会专家在顺义区南彩镇化肥厂调研

（十六）无公害草莓种植示范基地调研

2014年7月4日，北京土壤学会常务副理事长刘宝存带领学会专家一行6人，前往北京金滩多无公害草莓示范基地调研，听取基地负责人关于近几年草莓生产的工作汇报，并针对草莓基质育苗、土壤改良、土壤养分含量等内容提出了建设性的意见并取土化验。

学会专家在北京金滩多无公害草莓示范基地调研

（十七）水肥一体化技术咨询

2014年7月24日，学会常务副理事长刘宝存，带领4名专家去延庆县康庄镇蔬菜示范基地，进行水肥一体化的技术咨询。根据我国农业发展规划，水肥一体化实施至2020年，机具施肥将占作物种植面积40%以上，推广面积将达到1.5亿亩。液体肥料作为水肥一体化的重要组成部分，营养均衡，效果稳定，吸收利用率高，更安全、更绿色、更环保，符合发展趋势。主要适用于设施农业栽培、果园栽培以及经济效益好的其他作物。实施时要做好准备。(1) 建立一套滴灌系统。(2) 施肥系统。(3) 选择适宜的肥料种类。(4) 掌握好灌溉施肥的操作技术。基地负责人介绍了水肥一体化使用情况，应用鸡粪进行无害化处理，发酵、腐熟后所得的沼液和水配比后浇入菜田，不施化肥，不打农药，是有机农产品，西红柿、黄瓜等产量高，质量好，很受市场的欢迎。

学会常务副理事长刘宝存（左一）、秘书长徐建铭（左三）等到延庆进行水肥一体化技术咨询

（十八）桃树平衡施肥座谈会

2014年8月20日，学会组织肥料及果树专家一行8人，前往平谷区刘家店镇寅洞村召开“桃树平衡施肥座谈会”，村里8位桃树种植大户代表参加了座谈会。专家提出，桃树施肥要有机肥和化肥结合施用，为了提高桃的品质要加大有机肥的施用比例，依据土壤肥力和早中晚熟品种及产量水平，合理调控氮磷钾肥施用水平，注意钙镁硼锌的配合施用。对于早熟品种、土壤肥沃的果园，树龄小或树势强的桃树全年平均每亩施用有机肥1 ～ 2米^3；晚熟品种，土壤瘠薄的果园，树龄大的或树势弱桃树施有机肥2 ～ 3米^3。40%的氮钾肥，70%以上的磷肥用于基施，其余化肥按生育期养分需求分次追肥。至于是否用化肥那要根据产品属性决定。如产品为有机食品则不用化肥，如产品为绿色或无公害食品则要限制化肥用量。总之，施肥要根据桃树不同时期对营养的需求做到大量元素、中量元素和微量元素采取不同的配比，即平衡施肥。

桃树平衡施肥座谈会现场

（十九）麻核桃栽培技术指导

2015年4月28日，北京土壤学会邀请了果树栽培专家鲁韧强研究员，土肥专家刘宝存研究员、徐建铭副研究员，农艺推广专家王崇旺高级农艺师，前往昌平区延寿镇分水岭村麻核桃协会基地，针对当地麻核桃坐果率低、果品小，麻核桃授粉、修剪、嫁接、施肥等栽培管理及市场前景等问题进行了详细讲解，并就麻核桃剪枝技术和栽培管理进行了现场示范指导。麻核桃丰产栽培，强调做好水肥管理，防止大水漫灌，加强排水，一般情况下不用浇水，除特殊干旱年份，进入8月下旬可适当浇水；控制氮肥使用，可在7月上旬开始，每隔半个月喷一次0.2%～0.3%磷酸二氢钾，同时注意防治病虫害。

鲁韧强研究员现场示范指导麻核桃修剪和栽培管理

（二十）土壤连作障碍防治技术指导

2015年5月27日，北京土壤学会植物营养专家前往延庆区小丰营村北菜园农业合作社有机蔬菜基地，针对园区目前存在的连作障碍、土壤盐渍化、蔬菜品质下降等问题，进行了现场调研，并采集了重点大棚的土壤样品进行化验分析。连作障碍多是指在大棚条件下，由于土壤连作栽培，致使其理化性状、温度湿度和光照条件发生了变化，导致土壤微生物自然平衡遭到破坏，使土壤产生了次生盐渍化，从而造成了连作障碍，使作物长势不良，产量、质量受到严重的影响。解决大棚的连作障碍可通过以下方法：增施经过发酵的优质有机肥；调节土壤酸碱度，大水压盐以降低耕层土壤盐分；合理轮作，不种重茬作物；土壤消毒如闷棚消灭病菌和害虫。同时专家重点讲解了微量元素在蔬菜种植过程中的重要性和使用技术要点，并提出了水肥管理建议。

学会专家前往延庆区小丰营村北菜园农业合作社有机蔬菜基地进行技术指导

（二十一）蔬菜水肥高效利用技术讲座

2016年10月19日，北京土壤学会组织专家前往大兴区欣雅蔬菜专业合作社开展科技下乡活动。学会邀请了植物营养专家刘宝存研究员、土肥专家孙焱鑫副研究员，针对园区目前存在的水肥利用效率不高、土壤盐渍化、蔬菜品质和产量下降等问题，对合作社社员及种植大户进行了蔬菜水肥高效利用技术讲座。合作社5位技术员、35位种植大户参加了此次

蔬菜水肥高效利用技术讲座现场

活动。讲座结束后，专家到合作社育苗车间，对育苗过程中养分管理技术进行了现场指导。此次科技下乡活动，一方面为园区技术人员提供现场的技术咨询与指导，解决了生产中的实际问题，将水肥一体化、新型肥料等先进技术和产品推荐给基层农户，更重要的是搭建起了联系专家与基层农技人员的交流平台，方便专家为其提供长期的技术咨询服务。

（二十二）栗蘑种植土壤环境安全评估技术指导

2016年9月9日，北京土壤学会组织专家前往密云区北庄镇北庄村开展科技下乡活动。学会邀请了土化分析专家刘善江研究员、植物营养专家刘宝存研究员、土壤环境专家安志装副研究员、谷佳林副研究员，进行栗蘑种植土壤环境安全评估技术指导，并结合村域种植规划，对重点点位的土壤进行取样分析。北庄村农技员及种植大户共10余人参加了此次活动。此次科技下乡活动，为明确北庄村土壤理化性状情况，因地制宜发展特色种植提供了重要的参考。

刘善江研究员对栗蘑种植土壤取样

（二十三）有机蔬菜生产及尾菜综合利用技术指导

2016年10月31日，北京土壤学会组织专家前往延庆区小丰营村北菜园农业合作社有机蔬菜基地开展科技下乡活动。学会邀请了植物营养专家刘宝存研究员、土肥专家谷佳林、土壤环境专家安志装、索琳娜副研究员，针对园区目前存在的蔬菜尾菜处置困难、夏季腐烂臭味难闻、病虫害及连作障碍日趋严重、土壤环境风险加剧、蔬菜品质下降等问题，进行了尾菜综合利用技术指导。将尾菜堆沤有机肥、加工为栽培基质、饲养黄粉虫等蔬菜尾菜肥料化、饲料化技术推荐给园区。园区的6位技术员、20余位职工参加了此次活动。此次科技下乡活动，对于将园区视为废物的尾菜转化为可利用资源具有积极的指导作用，不但能变废为宝，还能有效改善园区的生态环境。

未处理的尾菜堆放在地头

（二十四）果树科学施肥与有机蔬菜生产技术指导

2017年5月17日，根据北京市科学技术协会农民致富科技服务套餐配送工程项目要求，北京土壤学会组织专家前往延庆区东白庙村和小丰营村北菜园开展科技下乡活动。学会刘宝存研究员、刘善江研究员、贾小红研究员、谷佳林副研究员参加了此次活动。专家团队首先到东白庙村800亩食用杏仁基地，针对园区杏树长势弱、产量低的问题进行了现场调研及土壤取样，专家团队根据树势情况提出了科学施肥、培肥地力的建议，同时与村支部书记徐有祥针对如何高效进行园区管理进行了深入探讨。随后专家团队到小丰营村北菜园农业合作社有机蔬菜基地，针对园区目前存在的连作障碍、土壤盐渍化、蔬菜品质下降等问题进行了现场技术指导，同时针对如何实现设施蔬菜科学休耕、有机栽培标准化、建设美丽田园的方法进行了系统地讲解。园区的负责人、技术员及延庆区科学技术协会相关人员参加了此次活动。

（二十五）蔬菜科学施肥与病虫害防治技术指导

2017年10月26日，根据北京市科学技术协会农民致富科技服务套餐配送工程项目要求，北京土壤学会组织专家前往顺义区绿奥蔬菜合作社开展科技下乡活动。学会秘书长刘宝存研究员、植物营养专家沈重阳副教授、土肥专家谷佳林副研究员、植保专家石宝才研

学会组织专家前往顺义区绿奥蔬菜合作社开展科技下乡活动

究员进行蔬菜高产栽培技术指导，并针对蔬菜种植过程中的土壤盐渍化治理、测土配方施肥、病虫害防治等问题进行了专题讲解，同时逐一回答了农户提出的技术问题。合作社40余位蔬菜种植户参加了此次活动。活动过程中专家组向合作社科技人员及社员赠送了《土壤保护300问》《北京土壤》图书及科学施肥宣传材料。此次科技下乡活动，不但对于提升农户蔬菜种植技术水平、提高生产效率具有推动作用，更重要的是搭建起了专家与农户的交流平台，方便专家提供长期的技术咨询服务。

（二十六）“生态桥”工程技术指导

2018年1月9日，结合北京市科学技术协会农民致富科技服务套餐配送工程项目，北京土壤学会刘宝存研究员前往平谷区刘家店镇，对刘家店镇“生态桥”工程进行了技术指导。学会还邀请了北京农学会、北京市科学技术协会、平谷区科学技术协会等单位领导及相关领域专家。“生态桥”工程在桃枝发酵过程及运营中遇到了多种实际问题，如发酵过程不规范、腐熟程度不到位等，专家针对有机肥发酵过程中的除臭、除尘和发酵工艺等问题做出了专题讲解。企业负责人及技术员参加了这次活动。

学会常务副理事长刘宝存（左三）、平谷区科学技术协会主席张守旺（右一）等对刘家店镇“生态桥”工程进行调研

（二十七）科普工作站科普宣传社团咨询服务

2019年9月7日，北京土壤学会作为协办单位在大兴区长子营镇参加了科普工作站科普宣传社团咨询服务及展览展示活动。活动由北京市科学技术协会主办，北京市大兴区科学技术协会承办，16家单位和100余名种植户参加了此次活动。北京土壤学会刘宝存研究员作为专家代表发言。这次活动以文艺演出助阵开幕，企业还为当地捐赠了实时在线监测仪器、土壤检测仪器及农用小型无人机，并赠送了书籍及农药。专家现场为种植户讲解了相关技术，北京土壤学会也为种植户发放了《土壤保护300问》及《农业环保三人谈》等书籍，这次活动促进了农业园区与农业企业之间的交流，为种植户带来了先进技术，也为当地种植户解答了很多问题。

学会常务副理事长刘宝存（右五）参加大兴科普工作站咨询服务活动

学会专家现场为种植户发放书籍，讲解种植技术

三、研讨热点问题，保护生态环境

（一）使用化肥与环境关系研讨会

1995年6月，北京土壤学会土壤环境保护、土壤和植物营养专业组在北京市土肥工作站召开了“使用化肥与环境关系研讨会”。土肥工作站和中国农业大学曾对昌平、通县、顺义等区县的井水进行了NO_3—N的测定，发现有部分样点含量超标，说明浅层水已受到污染，这可能与不合理施用氮肥有关，氮肥的施用一定要以农业生态系统养分循环平衡为前提。具体可从下述几种途径做起：(1) 在种植制度中合理安排归还率高的作物类型，建立合理的轮作制度。(2) 农、林、牧相结合，发展沼气，解决生活能源。(3) 促进秸秆还田，提高土壤有机质含量，增强土壤的保水保肥能力。(4) 减少化肥投入，发展绿色农业。(5) 推广测土配方施肥、均衡施肥。(6) 提倡水肥一体化，减少化肥挥发渗透，提高化肥利用率。(7) 施入农业生物制剂，激活土壤微生物，改善土壤理化性状，实现减肥增效目标。

（二）北京农业经济发展战略学术交流会

1995年12月，在北京土壤学会本部召开了北京农业经济发展战略学术交流会，会议邀请了北京市科学技术协会领导，到会者30多名，发言20多人，交流文章7篇，并提出以下6个方面的建议：(1) 北京农业生产布局几项建议。(2) 北京农业土壤肥力提高措施。(3) 北京建立生态农业战略探讨。(4) 北京土地资源的合理利用——城镇田园化建设。(5) 北京山区土地资源潜力及利用前景。(6) 棒状包膜长效肥料的应用。

期间，学会还组织了多主题的考察和研讨活动，如环境生态学术报告，微生物菌肥及质量检验研讨，作物有益元素钛的推广应用，菌肥检测法座谈会，小麦节水高产栽培技术考察与研讨，土壤养分速测方法研讨，复混肥生产与发展研讨会，小麦喷灌技术考察等。

(三) 土壤、环境与食品安全研讨会

学会于2001年4月7日召开土壤、环境与食品安全研讨会，中央和地方10余家单位，学会40多名理事参加会议。学会常务副理事长兼秘书长刘宝存同志主持会议。中国科学院地理科学与资源研究所陈同斌研究员在会上指出："我国的土壤污染是比较严重的，污染的源头很多，如肥料的污染、农药的污染、废弃物的污染、污水的污染等。国家对此项工作很重视，拿出一定的经费来研究和解决此问题。"全国农业技术推广服务中心彭世琪处长指出："土壤与环境是个很重要的问题，如何做到生态平衡是个系统工程，蔬菜、果品、茶叶等都受到不同程度的污染，对这个背景值需要进一步调查，同时安排肥力监测点定期分析化验，国家准备要搞试点，对蔬菜、果品、食品上市要进行检测，达到标准才可以入市"。中国林业科学院林业研究所杨承栋研究员提出："防风固沙已到刻不容缓的时候，培育树苗，植树造林，防止沙尘暴应下大力给予解决"。中国农业大学孟凡乔老师提出："生态农业和农产品市场要结合起来用一条龙的办法才好管理，否则不容易进行。"北京大学李迪华老师指出："'京津唐'高速公路两边的绿化带用果树、蔬菜来代替，这不仅可以节省土地，而且有很高的经济价值。"北京市土肥工作站廖洪站长指出："施肥和废弃物对环境污染很大，科学施肥和废弃物利用是个关键性问题"。顺义区农业局局长刘学鉴提出："农业各部门要相互配合、不能脱节，绿色食品要检测、质量要达标，特色的瓜、果等要贴上标签并附有证书。"

(四) 土壤污染及防治措施报告会

2001年9月7日，北京土壤学会召开土壤污染及防治措施报告会，中国农业大学、中国农业科学院土壤肥料研究所、中国科学院地理科学与资源研究所、北京市土肥工作站、北京市农林科学院植物营养与资源研究所等单位的40多人参加会议。陈同斌、李国学、黄鸿翔、张夫道、焦如珍、李迪华、刘宝存等专家在会上积极发言。其主要内容归纳如下：

(1) 土壤污染的发生源头很多，如居民生活的垃圾、塑料、粪便、杂物等，化肥中的硝酸盐、亚硝酸盐、重金属，有机肥中的有机污染物和重金属，农药中的DDT、艾氏剂、狄氏剂等残留，这些物质对土壤均有污染。

(2) 由于过量使用化肥，导致其渗入地下水，造成硝酸盐对地下水的污染。据调查，我国部分地区饮用水中硝酸盐含量超标。张维理研究员等专家对我国北方14个县、市69个

样点地下水、饮用水中硝酸盐含量进行了调查，其中有37个点硝酸盐含量已达到或超过饮用水中硝酸盐含量的最大允许量。

（3）肥料中的重金属主要有锌、铜、钴、镉等，饲料添加剂中的重金属会随着牲畜粪便进入土壤，均会造成重金属对土壤的污染。

（4）土壤中的农膜污染即残留的农膜对农田的污染，也被称为“农田上的白色污染”。据估计，我国农膜的残留量为30万吨，即使经过10余年的时间，仍可残留在土壤中。

（5）喷洒的农药对土壤的污染，据研究资料表明，喷洒农药的40%～60%会落在地面，残留的农药进入土壤就容易造成污染。

（五）无公害农产品标准及实施办法研讨会

2002年5月14日，北京土壤学会召开了无公害农产品标准及实施办法研讨会，农业部农业技术推广服务中心、中国农业大学、中国科学院地理科学与资源研究所、北京市农林科学院植物营养与资源研究所、北京市果树科学研究院、北京市土肥工作站、丰台区农业局等土肥专家与科技人员共40多人参加会议。孟凡乔、黄鸿翔、张锐、陈守伦、徐建铭、贾小红、徐振同等专家都发表了意见。发言的主要内容概括如下：

1.“无公害农产品”“绿色食品”“有机农产品”的概念

要搞清楚“无公害农产品”“绿色食品”“有机农产品”等的概念，把这几种说法区别开来。

（1）“无公害农产品”是指产地环境、生产过程和产品质量符合国家有机标准和规范要求，经认证合格获得认证书并允许使用无公害农产品标志的未加工或经初加工的食用农产品。无公害农产品的生产过程中允许使用农药和化肥，但不能使用国家禁止使用的高毒高残留农药，其产品检测14项应在允许的范围内，要符合我国无公害食品行业标准和农产品安全质量国家标准要求。

（2）“绿色食品”是指产自优良生态环境，按照绿色食品标准生产，实行全程质量控制并获得绿色食品标志使用权的安全优质食用农产品及相关产品。绿色食品在生产过程中允许限量使用农药和化肥，但对用量和残留量的规定通常比无公害农产品标准要严格。

（3）“有机农产品”是指纯天然无污染安全营养的食品，也可以称为“生态食品”，是根据有机农业原则和有机农产品生产方式及标准生产加工出来的，并通过有机食品认证机构认证的农产品。有机农产品在生产过程中禁止使用化肥农药、生长调节剂等物质。

2.产品标准需统一

无公害农产品的标准，从化学肥料方面考虑，如硝酸盐含量的标准，有国家标准，有地方标准，有高有低，把控难度大。国家应统一基本尺度，避免地方保护主义。

3.建立无公害农产品示范基地及生产模式

要科学施肥、定量化施肥，减少化肥用量，推广叶面肥、生物肥、有机肥的施用。建立无公害农产品示范基地，加强农民的环保意识，管理部门要尽快拿出一套无公害农产品管理的关键措施。

（六）抑制杨树飞絮座谈会

2003年10月22日，北京土壤学会与绿之星植物营养有限公司召开了抑制杨树飞絮座谈会。每年春季杨絮像雪一样飘飞，给北京城市环境造成短时间严重污染，给市民的出行、生活带来诸多不便。近年来杨树飞絮已经成为北京市民关心的热点、难点话题。北京市农林科学院专家经过多年研究试验，研制出抑制杨树花絮发生的“杨树雌花絮疏除剂”，这是人工合成的一种植物生长调节剂，在杨树花絮长5厘米左右时把它喷施到杨树上，可使雌花絮在未形成飞絮之前提前脱落。2002—2003年在城区多点喷试效果明显，疏除率在80%以上，最高达到95%以上，达到了控制飞絮的目的。通过这次座谈会，参会单位和代表充分了解和掌握了“杨树雌花絮疏除剂”的施用技术并纷纷表示要大力推广应用此项技术。

（七）北京农业节水技术研讨会

2004年10月12日，北京土壤学会在北京市土肥工作站召开北京农业节水技术研讨会，会议中心内容归纳如下：

（1）北京是一个严重缺水的城市，人均水资源占有量不足300米^3。地下水严重超采，地下水位不断下降，地表水体污染较为严重。目前，北京的地表水和地下水几乎已无开发潜力，随着北京市经济的发展，工农业争水、城乡争水、农业内部各行业争水的局面愈演愈烈，严重影响着首都农业的健康发展。北京的水资源极为紧张，其中农业灌溉用水占73.4%，工业用水占10.3%，生活用水占10.8%，如何把这三大块用水有机结合、合理分配是需要解决的首要问题，这需要政府下大力气办好此事。

（2）北京市水资源总量为14亿米^3，其中地下水为24亿米^3，地表水为38米^3。科学合理地应用地下水和地表水是关键技术问题，要充分依靠有关部门的技术作用和行政部门的相互配合。

（3）加强旱作农业的研究，开展抗旱作物新品种和新技术的研究和推广工作。加强山区农业节水工程系统的研究，对山区的粮食作物、果树等节水技术体系的研究。

（4）合理利用雨水，科学处理好废污水。北京的污水总量为13.32亿米^3，但经处理的污水只有3.8亿米^3，用于农业的灌溉总量为1.21亿米^3，充分说明北京的污水利用率太低，应该快速解决这一问题。

（5）科学合理地应用农业节水新技术，如防堵节水渗灌技术、膜下灌溉技术、节水灌溉自动化测控技术、新型智能化灌溉技术等。

（八）城市土壤与绿色环境研讨会

2004年10月22日，北京土壤学会在北京市园林科学研究所召开城市土壤与绿色环境研讨会，参加会议的有中国农业大学、中国科学院地理科学与资源研究所、全国农业技术推广服务中心、中国林业科学院、北京市农林科学院、北京市海淀区农业科学研究所等单位的20多人。其内容归纳如下：

（1）城市土壤过去研究得太少，没有这方面的资料，根据以往的研究，把城市土壤划分为两大类：肥熟土和堆垫土。它们的共同特点是：土壤污染重、紧实度大、土壤贫瘠、含水量低，土层厚，pH偏高，重金属铜、铅、锌含量超标。

（2）城市土壤种菜时建议多施钾肥，少施磷肥。城市土壤适合种草坪植物和树木等。城市土壤pH偏高，有些盐碱化，在种树时要选择树苗，否则会造成苗木死亡，影响绿化。

（3）城市土壤底数不清，土壤分类不明确，缺少种植规划，应开展详查。

（4）城市土壤的环境保护和安全及市民身心健康与绿色奥运关系极大，要引起高度的重视。

（5）城市土壤与生活垃圾、废弃物及沙尘暴等问题要妥善合理解决。

（6）要建立城市土壤档案资料，便于研究和开发应用。建议北京市政府组织有关单位进行城市土壤与绿色环境的研究。

城市土壤与绿色发展研讨会现场

（九）我国肥料利用现状与趋势报告会

2004年10月25日，北京土壤学会在北京市农林科学院植物营养与资源研究所召开我国肥料利用现状与趋势报告会，参加会议的有近十个单位的50多人。会议邀请我国著名肥料专家张福锁和金继运两位教授作报告，同时与大家进行讨论。

（1）中国农业大学资源与环境学院院长张福锁教授作了题为“根际微生态系统理论框架的初步构建”的报告，其内容是讲述根际是植物、土壤和微生物作用的重要界面。根际微生态系统理论的研究范畴涵盖了从细胞基因和分子水平直到个体、群体水平乃至生态系统的各个方面，其理论特点是以根际为中心、以根际微生态系统为研究对象，以植物—土壤—微生物及其环境的相互作用为主线，以根际微生态系统的调控措施为手段，以提高植物生产力、发展可持续农业为最终目标。各种营养元素的循环与高效利用都同根际微生态系统生产力有着紧密的关系。根际微生态学是研究植物—土壤—微生物及其生态环境相互关联的新兴学科，是土壤学、植物营养学、微生物学、生态学、遗传学和分子生物学的交叉学科。

(2) 中国农业科学院土壤肥料研究所、加拿大钾肥研究所所长金继运教授作了题为“我国肥料利用的现状问题和对策”的报告，其主要内容叙述了肥料在农业生产中的作用。施肥可以增产、增收，效益最明显，一般可增加粮食单产50%左右，提高粮食总产30%～31%。施肥可以提高农产品品质，氮肥可以提高小麦蛋白质和面筋含量；施磷肥提高籽粒蛋白质，钾素促进氨基酸向籽粒运转，提高油菜、花生等作物的含油量；施硫肥可提高小麦、面粉的烘烤品质和油料作物含硫氨基酸含量和含油率；钙肥可以起到提高柑橘果汁百分数和糖酸比、降低含酸量等作用。施肥还可以增加CO_2固定和O_2释放，改善大气环境质量等。

与此同时，施肥不当会引起环境污染，必须加以重视。由于盲目过量施肥造成淋洗和径流等进入水体，会引起地下水的硝酸盐超标和湖泊的富营养化。作物秸秆、畜禽粪便、城市生活垃圾、污水等不合理利用，会造成严重的环境污染。

(十) 发展循环经济，促进农村建设研讨会

2008年6月27日，“发展循环经济，促进农村建设研讨会”在丰台区大山峪村召开，中国农业大学、中国农业科学院、中国科学院等单位的10余名专家在大会上作了报告，大会主题是“循环经济在农业发展中的重要性”。废物利用是节省资源、能源的关键问题，包括畜禽粪便的无害化处理，垃圾的回收利用，果园的枝叶、瓜秧等发酵，生产有机肥料、沼气的废渣、废液的利用等。有机物的科学合理再利用，对农村建设有着极重要的作用。报告总结内容如下：

(1) 农业农村废弃物要坚持循环利用，无害化处理技术是节点。

(2) 有机废弃物肥料化是循环利用的主要途径。

(3) 循环利用方式应重点突破处理工艺、机械装备和工程化技术等。

黄鸿翔研究员（前排右四）、陈同斌研究员（前排右二）参加“发展循环经济，促进农村建设”研讨会

（十一）首都低碳农业发展高峰论坛

2011年10月20日，首都低碳农业发展高峰论坛在北京市农林科学院召开，学会常务副理事长刘宝存致开幕词，北京市科学技术协会副主席贺慧玲、北京农学会秘书长和北京土壤学会28个理事单位以及6个其他学会的代表共计150多位科技工作者参加会议。大会邀请了全国农业技术推广服务中心、中国科学院、中国农业大学、中国农业科学院、北京市农林科学院、北京市农业局以及丹麦的7位知名专家作了学术报告。报告的主要内容归纳起来有以下几方面：

（1）蔬菜、果园的废弃物、畜禽粪便造成的环境污染，要采取农业面源污染的防控与减排策略，加强农业有机废弃物循环再利用。

（2）发展低碳农业首要任务是提高土壤有机碳、增加土壤肥力、合理解决土肥的投入设计与管理技术，对农业增产增收有着极大的作用。

（3）肥料在生产运输中会产生碳的排放以及肥料施用后产生碳捕获量，因此要采取措施，减少碳排放，降低对全球气候变化产生的影响。

（4）有机肥和堆肥的使用增加了碳氮排放，对温室气候带来了极大影响，专家提出了减排方法和策略。

（5）丹麦专家介绍了当地土地利用和粪便的利用情况，结合肥料长期定位试验，提出了肥料“从哪里来到哪里去”的“养分闭合循环”原则，从而改善土地质量，提高农作物产量。

此次论坛，专家报告的内容丰富、学术水平高、有理论、有实际，对首都低碳农业发展有借鉴作用。

（十二）育苗基质和脲醛泡沫基质新型肥的应用技术推广与研讨会

2011年4月7日，北京土壤学会在大兴区长子营镇召开育苗基质和脲醛泡沫基质新型肥的应用技术推广研讨会，会议邀请专家作报告。肥料专家讲述了压缩基质的特性及使用方法，育苗基质块肥是以泥炭、蛭石、食用菌渣、稻壳灰等农业废弃物为原料加工而成的新型肥料，适合在蔬菜、花卉、药材等植物上使用。同时，还介绍了脲醛泡沫基质新型肥及

植物营养专家左强为种植户讲解蔬菜种植技术

施用技术，此肥是以脲醛泡沫基质和尿素、甲醛缩合而成，吸水性和保水性强，养分含量高，适合蔬菜、果树等作物。蔬菜专家讲解此肥在蔬菜育苗上的优越性，此肥育成的幼苗健壮整齐，定植后无须缓苗，生长速度快、产量高、质量好，值得大力推广应用。植保专家讲述此肥使用的原料不含有病虫害和杂草种子，因此作物栽培过程中病虫害少、杂草少，并能解决土传病害和连作障碍。此次活动有50多位同志参加，效果好，收获大。

（十三）京郊农业面源污染防控技术研讨会

2012年9月24日，京郊农业面源污染防控技术研讨会在北京市农林科学院植物营养与资源研究所召开。中国农业大学、中国农业科学院、中国科学院地理科学与资源研究所、中国林业科学院、中国地质大学、北京市农林科学院、北京市土肥工作站及丰台区农业科学研究所等单位的90多位科技人员参加会议。会议邀请中国农业大学刘学军教授，中国农业科学院徐爱国副研究员，北京市农林科学院刘宝存、赵同科研究员，北京市土肥工作站贾小红研究员，中国科学院地理科学与资源研究所刘洪涛副研究员做学术报告。其报告的主要内容归纳4个方面：（1）专家对京郊农业面源污染的现状，污染的种类，对大气、水体、土壤的污染程度等问题进行了分析。（2）专家提出了京郊农业面源污染的防控技术、管理方法、法律法规等方面的建议。（3）讨论大气沉降对环境和水体面源污染及对其采取的控制办法等。（4）讲解不同农田类型的氮磷流失及流失特征，并对农田土壤有效养分含量对农田氮磷流失的影响进行了科学分析。

京郊农业面源污染与防控技术学术研讨会现场

（十四）提高京郊耕地质量学术研讨会

2012年5月17日，提高京郊耕地质量学术研讨会在北京市农林科学院召开。中国农业大学、中国农业科学院、全国农业技术推广服务中心、中国科学院地理科学与资源研究所、中国地质大学、中国林业科学院、北京市农林科学院、北京市土肥工作站以及京郊区县土肥站共10余个单位的80余名科技人员参加会议。会议特邀徐明岗研究员、赵同科研究员、徐艳教授、马常宝处长等专家做学术报告，其内容归纳为：京郊耕地质量不高，有机质含量较低，钾肥和微肥降低，土壤养分不平衡，要增施有机肥，培肥地力，稳施磷肥，增施钾肥和微肥。专家还指出北京地区的农业增产，要进一步贯彻落实农业部推行的“沃土工程”，千分百计施好有机肥，重视秸秆还田，科学施用有机垃圾肥，增施绿肥，提倡有机肥和无机肥相结合的施肥方法，重视土壤环境，开展测土配方施肥等先进技术。

提高京郊耕地质量学术研讨会现场

（十五）土壤环境与地下水污染及修复技术研讨会

2014年10月24日，北京土壤学会召开土壤环境与地下水污染及修复技术研讨会，80余名理事及会员参加了此次研讨会，会议由学会秘书长刘宝存研究员主持。此次研讨会邀请

土壤环境与地下水污染及修复技术学术研讨会现场

了中国农业大学李花粉教授，中国农业科学院陈世宝、曾希柏研究员，中国科学院地理科学与资源研究所万小铭博士，北京市农林科学院植物营养与资源研究所赵同科研究员、安志装博士做学术报告。内容包括：微生物对砷的转化及其在污染土壤修复中的应用、蜈蚣草对土壤中砷的吸附的植物修复技术、华北集约化农区土壤与地下水硝酸盐污染高风险区控制技术、农产品产地土壤重金属污染源头控制、北京市农业土壤环境质量时空变化与评价。同时，研讨会针对农业生产对土壤和地下水的污染及解决对策进行了深入探讨与交流。

（十六）土壤重金属污染及防治对策学术研讨会

2015年10月29日，北京土壤学会在北京市农林科学院植物营养与资源研究所召开土壤重金属污染及防治对策学术研讨会，50余名理事及会员参加了此次研讨会，会议由学会常务副理事长刘宝存研究员主持。此次研讨会邀请了全国农业技术推广服务中心田有国处长、中国农业科学院马义兵研究员、北京市农业环境监测站刘晓霞高级农艺师、北京市农林科学院安志装副研究员等土壤重金属污染及防控领域的专家做学术报告。内容包括：我国土壤重金属污染现状及趋势、土壤重金属污染等级划分及评价方法、重金属污染的土壤科学利用及修复技术、土壤重金属污染防控技术、农产品产地中技术安全评估技术等。研讨会以报告和讨论相结合的方式进行，报告结束后，与会专家及学会会员针对农田重金属来源、污染成因、检测方法等内容进行了深入探讨与交流。

土壤重金属污染及防治对策学术研讨会现场

（十七）量子及生态系统计量技术在农业上的应用学术研讨会

2017年11月1日，北京土壤学会在北京市农林科学院植物营养与资源研究所组织召开量子及生态系统计量技术在农业上的应用学术研讨会，40余名理事及会员参加会议，学会监事长赵同科研究员主持会议。此次研讨会邀请了北京纳晶生物科技有限公司杨唐斌研究员、新泽西州立大学终身副教授、中国科学院地理科学与资源研究所徐明研究员做学术报告。内容包括：量子点技术及其在农业生物领域的应用、生态系统模型构建、生态服务价值及生态资产计量等。研讨会以报告和讨论相结合的方式进行，报告结束后与会专家及学会会员针对量子点技术在土壤监测方面的应用前景、生态系统评价、资源环境保护策略等内容进行了深入探讨与交流。此次研讨会的召开为学会会员提供一个学习和交流最新学科动态、发展趋势及研究热点的机会，为科技人员将目前科学界最前沿的研究引入到土壤肥料及生态环境领域提供了新思路，有助于不同学科间的交叉和互补，同时也为在京从事相关研究的科研单位间的协作与共同发展搭建了一个良好的学术交流平台。

量子及生态系统计量技术在农业上的应用学术研讨会现场

（十八）农田土壤重金属快速监测技术研讨会

2018年5月11日，北京土壤学会召开农田土壤重金属快速监测技术研讨会，学会秘书长刘宝存研究员主持会议。随着土壤污染防治行动计划的推进，农田土壤重金属监测这个

农田土壤重金属快速监测技术研讨会现场

关系到食品质量与安全的研究领域也引起了社会各界的高度关注。为加强农田土壤重金属监测技术交流与研讨，根据行业动态与政策形势，中国农业科学院、中国环境科学院、中国农业大学、山东农业科学院、华南理工大学及北京市农林科学院的50余位领域内专家及科技人员参加了此次研讨会。研讨会邀请了南加利福尼亚大学陈泽武博士，美国XOS公司技术部Tom经理和宋础工程师分别作了题为“国内外农田土壤快速监测的新技术及新进展”“中美快速监测技术研发新进展”和“监测技术成果分享”的学术报告。本次研讨会以报告和讨论相结合的方式进行，报告结束后与会专家及科技人员针对多束单色X射线荧光土壤重金属定量分析原理、国内农用地普查检测的现状、土壤快速监测的技术成果及实际应用案例等内容进行了深入探讨与交流。

美国XOS公司技术部Tom经理在会上作报告

四、承担调研项目，为政府决策服务

（一）北京市生活垃圾处理与利用的调查与评价

这项工作由中国农业大学李国学教授主持。经过三年（2010—2012年）的调研积累了大量资料，通过综合分析向北京市政府及有关部门提出了如何解决生活垃圾的调研报告，为市政府决策提供依据，这个项目于2012年通过了专家验收。北京生活垃圾产生量持续上升，从2005年起，北京市生活垃圾产生量每年以8%左右的速度上升，而垃圾的处理能力严重不足，垃圾处理问题已引起北京市有关部门的高度重视。当前处理垃圾的办法主要有填埋、焚烧和堆肥等，但这几种的处理办法都存在不足之处，处理不好仍可能造成二次污染。通过调研提出几点建议：

（1）对原有的几种处理方式要提高科技含量，如填埋要做好填埋地的防渗透工程，防止污染周围的土壤和地下水；堆肥是资源再利用的好方法，但要提高堆肥质量，积极推广示范应用样板，开拓市场；焚烧办法主要是想办法降低成本。

（2）今后的发展方向是从源头做起，生活垃圾的源头主要是家庭厨房，要做好垃圾分类，可按可回收物、有害垃圾、厨余垃圾、其他垃圾4种方式收集回收。垃圾分类的目的是最大限度地实现垃圾资源再利用，减少垃圾数量，改善环境，现在垃圾分类中存在脱节的问题。垃圾做到了分类存放，但在运输过程中又混到了一起，造成前功尽弃的现象，要实行按分类投放、分类运输、分类处理的程序进行。

（二）耕地质量保护立法调研

中华人民共和国成立以来，我国在耕地质量的立法模式上，主要是将耕地质量零星、分散地规定在保护其他环节要素的法律法规当中，在运用法律手段保护耕地质量方面做出了一定努力，并取得了一定成效，但也存在较大缺陷：法律法规不完善，缺乏专门性、针对性和系统性规定；管理体制不明确，监管不到位，责任有缺陷；评价标准不完善，技术性规范层级低，可操作性差。

2013年学会理事长徐明岗研究员、秘书长刘宝存研究员主持承担了农业农村部种植业管理司委托项目《耕地质量保护立法调研》的课题研究。参加研究的单位有中国农业科学院农业资源与农业区划研究所、北京市农林科学院植物营养与资源研究所、沈阳农业大学等。项目组织耕地质量方面专家针对我国耕地质量法律法规不完善、管理体制不明晰等问题，在广泛调研的基础上，全面比较分析国内外耕地质量相关法律法规出台的前提条件、地位作用、制度设置、优点与不足，阐述我国建立耕地质量管理制度的必要性、可行性，系统设置耕地质量管理规章制度。

（1）收集和整理了国内外涉及耕地质量管理方面的法律法规，并汇编成册。

（2）进一步分析了国外有关耕地质量管理法律法规的立法背景和相关内容等，研究了我国现有法律法规关于耕地质量建设与管理要求和规定，并结合我国耕地质量建设与管理存在和潜在的突出问题，提出我国开展耕地质量管理立法的必要性、可行性、依据和管理重点等。

（3）在我国东北、华北和南方主要农作区域，围绕国土资源部开展的高标准农田建设工程，针对不同地区土壤问题和培肥效果，研究构建不同地区高标准农田质量评价体系。

（4）项目执行期间召开了土壤环境与土壤污染修复学术研讨会、耕地质量建设与管理座谈会、农业有机废弃物无害化处理与利用国际学术研讨会。

在吸取国外先进立法经验基础上，在广泛征求意见的基础上，综合我国的现实情况，项目组对我国的耕地质量建设与管理立法提出了建议，撰写形成了耕地质量管理立法专题研究报告。通过本次研究加快了国家耕地质量建设与管理的立法步伐，为制定出台《耕地质量建设与管理条例》，修订完善《土地管理法》和《基本农田保护条例》提供了依据。

（三）发达国家和地区耕地质量保护体系研究与分析

该项目由北京土壤学会秘书长刘宝存研究员主持负责总体方案的设计，北京市农林科学院植物营养与资源研究所和北京土壤学会共同完成。

1.项目内容

（1）收集和整理了国内耕地质量保护体系现状，从我国土地资源的现状出发，分析了我国目前耕地质量下降的主要原因及耕地质量保护过程中存在的主要问题与弊端。

（2）以北京市为重点研究区域，利用3S技术调查，结合文献调研，综合分析了北京市耕地质量时空变化规律，分析了其影响因素，为我国耕地质量保护体系的建立提供一手资料。

（3）调研分析了德国、美国、日本、俄罗斯等国外发达地区耕地质量相关体系，借鉴其成熟理念与实践经验。

（4）举办了两次有关发达国家和地区耕地质量保护体系研究与分析方面的国际会议。

（5）在调研分析我国耕地资源现状及发达国家和地区农地保护成熟理念和经验的基础上，撰写了调研报告，提出了我国耕地质量保护的意见与建议。

2.项目成效

（1）通过组织专家广泛收集有关资料，召开不同层面的座谈会，并以北京为重点研究了耕地质量的时间变化规律调研和样品采集测定，获得了大量一手数据。

（2）尽管不同的国家和地区的耕地保护体系，从概念、分类，到保护重点存在一定差异，但我们的研究及时了解了国际相关发展动态，在耕地资源利用与质量保护方面借鉴了成功经验。

（四）我国耕地质量保护现状及问题分析

该项目由北京土壤学会组织实施，秘书长刘宝存研究员负责总体方案的设计，北京市农林科学院植物营养与资源研究所和北京土壤学会共同完成。根据《2015年耕地质量保护项目任务书》的要求，北京土壤学会组织相关专家主要做了以下工作：

（1）明确了我国耕地质量保护现状，分析了我国耕地质量下降的主要原因。

（2）明确了耕地质量保护方面存在的主要问题。

（3）从政策制度、法规建设、经济手段、生态保护等技术层面，提出了我国耕地质量保护的建议。

（4）举办了3次有关耕地质量保护条例、肥料登记管理、蔬菜生产生态施肥策略方面的国际和国内会议。

项目通过大量的文献检索及实地调研，了解了我国耕地质量及污染现状，剖析了耕地质量保护存在的问题，并提出了有针对性的对策措施，对耕地保护政策的制定、耕地质量立法、确保国家粮食安全具有重要的现实意义。

（五）国外农业面源污染防控与耕地质量保护关键技术研究与分析

该项目由北京土壤学会秘书长刘宝存研究员负责总体方案的设计，由北京市农林科学院植物营养与资源研究所和北京土壤学会共同完成，主要做了以下工作：

（1）通过查阅文献、函件咨询、问卷调研、实地走访和参加学术会议等方式，了解和学习了先进国家在农业面源污染防控与耕地质量保护方面的最新成果及关键技术。同时通过大数据分析，明确了农业面源污染防控与耕地质量保护方面的关键技术及成果对耕地质量保护的贡献率，确定了适用于我国国情的实用技术。

（2）在分析我国耕地质量保护现有技术、模式的基础上，通过集成国内外先进技术、管理模式及政策法规，从技术层面提出了适合我国国情的耕地质量保护技术体系或模式规程。

（3）在分析我国耕地农业面源污染现状及发达国家先进防控技术的基础上，撰写了调研报告，从政策制度、法规建设、经济手段、生态保护等技术层面，提出了我国耕地质量保护过程中关于农业面源污染防控方面的意见与建议。

（4）期间还召开了国外农业面源污染防控与耕地质量保护关键技术研究与分析解析会，为项目研究提供支持。

通过大量调研及查阅文献，重点系统分析了先进国家农业面源污染防控与耕地质量保护关键技术研究进展及发展趋势，为政府决策提供了依据。

（六）国内外轮作休耕政策研究与分析

我国在轮作休耕方面经验较少，相关政策法规尚不健全，因此了解和学习国外尤其是西方发达国家在轮作休耕方面的技术、措施及政策方面的经验，同时结合我国农业生产实际情况加以分析优化，提出适合我国国情的轮作休耕方面的意见和建议，从而进一步提升和推进我国轮作休耕技术水平及应用范围，对于保证耕地质量，确保粮食安全意义重大。该项目由北京土壤学会秘书长刘宝存研究员负责总体方案的设计，由北京市农林科学院植物营养与资源研究所和北京土壤学会共同完成，主要做了以下工作：

（1）调研了国内外轮作休耕相关技术、措施及政策法规。

（2）从技术层面研究了适合我国国情的休耕轮作技术体系或模式规程。

（3）在分析国内外轮作休耕相关技术、措施及政策法规的基础上，撰写了调研报告，提出了意见与建议。

该项目提出了适合我国国情的休耕轮作技术体系、模式规程、政策建议，为推动我国耕地质量保护工作顺利开展，建立完整的耕地质量保护技术体系，为国家粮食安全和农产品质量安全提供了支撑。

（七）平谷农用地质量保育与提升对策

该项目由北京土壤学会秘书长刘宝存研究员主持，组织中国农业大学、中国农业科学院、北京市农林科学院、北京市土肥工作站、平谷区农业科学研究所等学会理事单位的专家成立了项目组。根据平谷区科学技术协会提出的需求及问题导向，开展了以下工作：

（1）针对平谷区农产品质量下降、土壤底数不清、农业废弃物资源化利用等方面的突出问题，开展调研、数据分析、专家研讨。其中重点参考分析了2005—2015年平谷区测土配方施肥、土壤环境质量调查数据和土壤及地下水10年定位检测数据。

（2）结合平谷区统计年鉴及各会员单位在平谷区开展的相关科研试验数据，对平谷的资源概况、土壤肥力、土壤环境、水资源及水质、农业废弃物循环利用、农药地膜残留污染等内容进行的系统分析，从专业角度提出了相应的建议及解决措施。

（3）根据项目进展情况召开了4次工作会，对内容、格式等方面进行了详细地安排，不断对材料进行讨论和修改，完善细化。

（4）2017年7月11日，在平谷区社会服务中心召开了平谷区土壤质量保育与提升对策研究项目论证会，对研究报告进行评议，邀请了农业部耕地质量保护中心李荣处长、农业部耕肥处辛景树处长、中国农业大学资源与环境学院李保国教授、中国农业科学院农业资源与农业区划研究所马义兵研究员、北京市农林科学院赵同科研究员。

该报告是在北京市和平谷区科学技术协会的大力支持下，利用短短两个月的时间编写完成的，涵盖了平谷区土壤肥力、土壤环境、地下水质量、农业废弃物等的现状、问题及解决措施等内容，材料翔实准确，方案科学可行，模式简单可复制，从技术层面为平谷区政府相关政策的制定提供了依据。

（八）平谷大桃提质增效肥水调控技术应用与推广

针对平谷大桃生产现状，以北京金果丰果品产销专业合作社为试验区，在北京市科学技术协会、平谷区科学技术协会支持下，依据2017年平谷区耕地质量保育与提升对策报告，开展为期3年的平谷大桃提质增效肥水系统调控技术应用与推广的研究。该项目由北京土壤学会刘宝存研究员主持设计实施，北京土壤学会牵头并联合北京市农林科学院植物营养与资源研究所、平谷区果品办公室、平谷区农业科学研究所、北京农学会、北京果树学会、北京植物病理学会、北京昆虫学会、北京市信息学会组建了专家团队，开展土壤动态监测、土壤调理改良与肥水调控、病虫防治、桃树规范化栽培与管理等方面的系统研究，集成打包一批先进实用技术，在北京金果丰果品产销专业合作社示范地内进行集中示范。主要做了以下工作：

（1）在平谷大桃提质增效项目协议签订前期，北京土壤学会曾先后组织专家对平谷区峪口镇桃园示范基地进行调研摸底，并邀请相关专家召开了平谷大桃提质增效肥水调控技术应用示范与推广专题研讨会。根据以上基础制定了平谷大桃提质增效实施方案，该方案由土壤、水肥、植保、桃园管理方面的专家共同完成，后又经过6次现场讨论修改定稿。

（2）方案的实施，制定了每年的工作计划，并严格按照计划实施，及时发现问题，并联系专家进行解决，实施方案根据具体实施情况动态调整，不断完善，每周派专业人员到园区进行现场调查取样，或与园区负责人联系沟通，确保项目顺利进行。

（3）在每年年初召开研讨会，确定当年的工作计划，以及为试验提前备好所需的肥料、农药、检修肥水灌溉设备，每年年底进行汇总和总结，并向项目发包单位汇报工作。

该项目的实施聚集了各学会的优势力量，能更好地为区域产业发展提供服务与技术支撑，对实施乡村振兴战略，强化生态安全、生态涵养、绿色发展，实现产业节本增效、产品提质增效，促进农业结构转型升级及可持续发展起了促进作用。

（九）肥料、土壤调理剂施用风险评价与管理

肥料和土壤调理剂是现代农业生产中的重要投入物质，在农业生产中发挥着不可替代

的支撑作用。作为农业生产上主要的投入品，肥料和土壤调理剂的不合理施用会直接引起包括土壤酸化、盐渍化、土壤养分失衡等在内的土壤质量退化，地下水硝酸盐富集，地表水富营养化等农业面源污染、重金属污染和大气污染等问题，进而影响我国农产品产量与品质、食品安全以及国际竞争力。因此，针对不同类型肥料、土壤调理剂施用安全风险因子，建立我国肥料、土壤调理剂安全施用风险管控技术规范很有必要，该项目由北京土壤学会秘书长刘宝存研究员主持，组织了土壤肥料和土壤环境方面的专家，由中国农业科学院测试中心、北京市农林科学院植物营养与资源研究所土壤环境研究室、北京土壤学会共同完成，主要开展了以下工作：

（1）对国内外肥料、土壤调理剂相关学术资料及标准进行了调研查阅，对肥料、土壤调理剂进行了分类，并研究甄别了肥料、土壤调理剂施用安全风险因子。

（2）研究了肥料、土壤调理剂施用安全风险预警信息、风险消减对策与措施。

（3）通过研究分别给出了肥料、土壤调理剂的施用风险管控与管理建议。

（4）根据项目进展情况，邀请农业部种植业管理司、全国农业技术推广服务中心、农业部耕地质量监测保护中心及相关教学科研单位专家和部分企业代表召开了2次专题研讨会，5次材料对接与修改的专家组会议，最终形成了《肥料、土壤调理剂施用风险评价与管理建议》。

通过这次研究详细地阐述了不同类型肥料与土壤调理剂的施用风险，并针对我国肥料、土壤调理剂管理和研究现状，建议加强风险监测、科学评估及风险预警体系建设，开展肥料、土壤调理剂的原料溯源研究，为政府出台相关政策法律法规提供了依据。

（十）我国农业农村绿色发展突出的环境问题与对策分析

该项目由北京土壤学会秘书长刘宝存研究员主持，组建了专家团队，调研农业农村绿色发展、农业农村废弃物资源化利用、高品质农产品安全生产、乡村环境与生态文明、农业环境污染5个方面的问题，主要参与单位有北京土壤学会、农业农村部环境保护科研监测所、农业农村部农业生态与资源保护总站、农业农村部农村经济研究中心、北京市农林科学院。主要开展了以下工作：

（1）围绕我国新时代农业绿色发展的新要求，探究了高效、高质、低碳、循环的农业绿色发展中的环境问题、制约要素。

（2）以农业绿色发展空间布局科学化、资源利用高效化、产地环境友好化、生态功能多样化为切入点，全链条设计开展了战略研究。

（3）召开了农业农村绿色发展的专题学术研讨会。

（4）根据项目需求，曾先后到山东南张楼村、南京溪田县、浙江安吉的鲁家村和余村进行了实地调研，并组织当地政府部门、企业、村民代表座谈会，学习听取了他们在农业农村绿色发展的做法、心得体会和发展中存在的问题。

该研究提出了“制约我国农业绿色发展突出的环境问题”建议报告。对构建高效、和谐、可持续的经济增长和社会发展方式和支撑农业绿色发展的技术体系，加快农业现代化、促进农业可持续发展，守住绿水青山、建设美丽中国，对保障国家食物安全、资源安全和生态安全，维系新时代人民福祉和保障子孙后代永续发展具有重要意义。

（十一）推动农业废弃物综合利用，促进农业可持续发展

该项目由北京土壤学会秘书长刘宝存研究员主持，根据项目需求组建了专家团队，调研北京市畜禽粪便处理、粮经作物废弃物处理、蔬菜废弃物处理、园林废弃物处理4个方面的情况。参与单位有：北京市农业农村局、北京土壤学会、北京市农林科学院植物营养与资源研究所、中国农业大学资源与环境学院、北京低碳农业协会、北京市园林科学研究院、北京首农集团。主要做了以下工作：

（1）曾先后4次组织专家到房山区丰泰民安生物科技有限公司、顺义区美施美生物科技有限公司、顺义区奥克尼克生物科技有限公司、平谷区生态桥废弃物处理厂进行了调研。了解各区县目前废弃物处理情况和园林、果树、粮食作物、蔬菜的种植面积以及畜禽养殖情况。

（2）组织召开了关于北京市农业废弃物处理相关企业的座谈会。会议由北京市农村工作委员会牵头，北京土壤学会承办，参加会议的有北京市农村工作委员会、北京土壤学会、北京低碳农业协会、北京市园林科学研究院、北京市农林科学院、中国农业大学、区县种植中心、12家农业废弃物处理相关企业等30人参加了会议。

（3）通过各种方式调研汇总了关于北京市农业废弃物资源化利用情况。聚集专家多次对调研材料进行论证修改，最终形成了《推动农业废弃物综合利用，促进农业可持续发展》的报告。

通过调研，全面摸清农业废弃物的底数及利用状况，了解综合利用的处理方法，查找存在的问题和原因；学习借鉴国内外经验，研究探索适合北京市的处理模式，有针对性地提出意见建议，为制定出台相关政策提供决策依据。

（十二）土壤调理剂施用风险评价与研究

在2018年提交肥料、土壤调理剂施用风险评价与管理建议之后，农业农村部种植业管理司继续委托北京土壤学会对土壤调理剂进一步的深入研究，主要做了以下工作：

（1）总结了“十三五”期间国内外最新土壤调理剂研究现状、类型及施用安全风险因子；对土壤调理剂监测与评价、土壤调理剂产品登记标准草案及施用风险管控技术规范进行了研究梳理。

（2）强化安全绿色土壤调理剂相关政策、法律法规方面的政策导向，制定行业发展负面清单，强化农业生态系统内部物质、能量的循环利用，促进以种养一体化为载体的绿色环保新型土壤调理剂产业健康发展。

（3）针对目前推广和使用的众多土壤调理剂产品存在成本高、局部化、短期化、二次污染等问题，相应检测与评价技术标准和监管法规仍存在真空地带，导致潜在环境污染风险无法预估和控制，建议政府尽快出台相关配套标准和管理要求。

通过该项目的研究，基本掌握了目前国内土壤调理剂的应用现状，将对企业生产规程起到指导与规范作用，对政府管理土壤调理剂及出台相关政策提供支撑，促进了土壤调理剂市场的健康发展。

（十三）农业面源和重金属监测方法与评价指标体系研究

该项目由北京土壤学会秘书长刘宝存研究员主持，项目组建了农田氮磷流失、农田有毒有害化学/生物污染物环境残留、农业有机废弃物资源化处理、农田重金属污染治理与修复、农业面源和重金属污染防控5个方面的专家团队。主要参与单位：北京土壤学会、北京市农林科学院植物营养与资源研究所、农业农村部农业生态与资源保护总站、农业农村部环境保护科研监测所、中国农业科学院植物保护研究所、浙江大学、中国科学院沈阳应用生态研究所共同完成。该项目开展了以下工作：

（1）调查、收集、整理了国外农业面源和重金属污染修复技术评价要素、方法、标准和指标体系现状，综合分析国外科技项目绩效评价理论体系和先进的管理思想，科学选择和综合运用同行评议、文献计量、案例分析、问卷调查等方法，建立导向明确、科学合理的绩效评价机制。

（2）调查、收集、整理了国内农业面源和重金属污染修复技术评价要素、方法、标准和指标体系现状，以“产业需求关联度、技术研发创新度和对产业发展贡献度”作为专项成果评价标准，在核实、利用项目承担单位现阶段总结材料信息的基础上，按照项目申报阶段确立的绩效评价指标和评价标准，梳理了目前专项立项实施的进展，总结了专项组织管理方面的经验，为第三方专业评价机构和管理部门提供借鉴。

（3）根据“十三五”专项项目的设置原则和总体目标、兼顾各类项目的差异性，针对基础研究、关键技术研发、集成示范应用三类项目的特点，以“定位明确、科学考核、务实可行”为原则，提出了适应我国国情现状和科技发展水平的“农业面源和重金属污染农田综合防治与修复技术研发”重点专项评价要素与指标体系。

（4）根据项目进展开展了实地调研5次，定期组织参研人员召开不同形式的讨论会8次。最终讨论修改和编写了《农业面源和重金属监测方法与评价指标体系研究》。

该项目将为我国开展农业面源和重金属污染治理成效评估，建立农业面源污染监测与评估指标体系，指导开展区域农业面源和重金属污染监管与防控提供支撑。该报告出版成书后，对我国农业面源和重金属污染防治项目管理部门、科研单位和研究人员，在全面掌握本领域研究现状、政策法规、标准规范现状，制定项目规划、预期效果和管理措施等方面提供帮助。

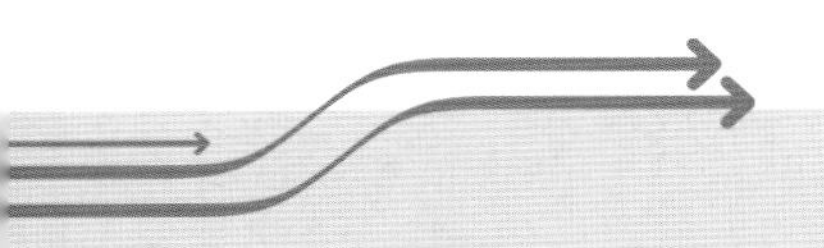

第四章 联合助力科技兴农

一、与中国土壤学会合作

北京土壤学会是由北京土壤科学技术方面的专家、学者联合发起成立的群众团体，是中国土壤学会的分会，在业务上接受中国土壤学会的指导。中国土壤学会是全国土壤科学界最高的学术团体，是凝聚和团结全国土壤科学工作者的核心。北京土壤学会自成立以来一直保持与中国土壤学会的紧密联系与合作，相互支持彼此帮助。北京土壤学会积极动员会员踊跃参加历届中国土壤学会全国代表大会及学术年会并提交论文，提高会员对中国土壤学会的向心力。

（一）全国北方土壤普查试点工作

1979年农业部委托北京市主办全国北方土壤普查试点，承办单位为北京市农林科学院土壤肥料研究所，地点选在通县，参加试点的有15个省市农业技术干部200余人。由于时间紧、任务重、工作量大，经商量决定与北京土壤学会合作。学会出面邀请中国科学院南京土壤研究所席承藩院士、杜国华、周明枞、王浩清等土壤专家来京，被邀请的还有中国农业大学李连捷教授、林培教授、李酉开教授，中国农业科学院的黄鸿翔、齐国光两位研究员。专家教授亲自授课、现场指导、带队野外实习，通过3个月的培训，使学员们掌握了土壤普查的内外作业技术、方法，全面完成了试点任务，为我国北方15省市全面开展土壤普查储备了人才，提供了操作要领、方法、步骤，为我国的第二次土壤普查作出了重要贡献。

（二）接待国际土壤代表大会代表来北京、天津考察土壤

1990年8月上旬，在日本召开第14届国际土壤学会代表大会，中国土壤学会派出了以赵其国理事长为首的代表团出席会议，其中有北京土壤学会代表6人。

北京土壤学会受中国土壤学会的委托，负责接待出席国际土壤学会代表大会的英国、日本、新西兰、以色列等国家和我国台湾共17位土壤学家来北京、天津进行野外土壤考察。

土壤学家们先在天津考察了滨海盐土、潮土2个土类。在北京考察了石灰性褐土、碳酸盐褐土、水稻土3个土类。在考察现场，席承藩院士、北京市农林科学院植物营养与资源研究所沈汉、王关禄等土壤专家向外宾介绍了3种土壤的分类依据、剖面形态、发育特征及农业利用情况，并回答了提出的问题。

8月25日晚，在北京科学会堂以北京土壤学会名义举办了茶话会招待外宾。我国著名土壤学家北京土壤学会理事长李连捷、农业化学家张乃凤、席承藩院士、中国土壤学会秘书长谢建昌等出席了茶话会。会上，十多位中外专家发表了热情洋溢的即席讲话，共贺考察圆满成功。

中国土壤学会对我们这次的接待工作很满意，在他们发来的感谢信中说，“北京土壤学会为中国土壤学会乃至为我国争来了荣誉”。

（三）协办中国土壤学会第十一次全国会员代表大会

2008年，受中国土壤学会委托，北京土壤学会与中国农业大学、中国农业科学院、北京市农林科学院、北京市土肥工作站等单位协同承办中国土壤学会第十一次全国代表大会暨学术年会。经过大家的共同努力，圆满完成了任务，受到了中国土壤学会的表彰。

中国土壤学会第十一次全国代表大会及学术年会，于2008年9月25 ～ 27日，在北京九华山庄召开。参加这次会议的有来自全国31个省（自治区、直辖市）的科研、生产、教学等单位的代表近1 800人，其中包括我国台湾代表27名及部分国外代表。

9月25日上午的会议开幕式由中国土壤学会副理事长、沈阳农业大学校长张玉龙教授主持。中国土壤学会理事长、中国科学院南京分院院长周健民研究员致开幕词，农业部副部长张桃林、中国科协学会学术部副部长朱雪芬、中国农业大学校长柯炳生教授分别发表了热情洋溢的讲话，中国植物营养与肥料学会理事长金继运研究员致贺词、台湾中兴大学陈仁炫教授代表中华土壤肥料学会向中国土壤学会赠送了礼物。此外，中国土壤学会首席顾问、中国科学院南京土壤研究所赵其国，中国农业大学石元春，全国政协常委、农工党中央副主席朱兆良，中国农业科学院刘更另4位院士也出席了会议。

开幕式后，在主题为“土壤科学与社会可持续发展”的大会上，赵其国院士、石元春院士，俄亥俄州立大学（The Ohio State University）教授、国际土壤学家Ratten Lal、张福锁教授，分别作了主题报告。北京土壤学会常务副理事长刘宝存研究员作了“北京都市型现代农业与土肥工作者的使命”的报告。

9月26日，在3个分会场，来自全国各地的35位专家学者就“土壤科学与社会可持续发展”为主题的12个专题分别作了学术报告。

二、与北京市兄弟学会合作开展社会调研、技术咨询活动

（一）怀柔板栗高产优质栽培技术指导

怀柔板栗是北京的名优产品，近年来一直存在“产量不高、质量不佳”的问题。为解

决这些问题，1993年秋天，学会组织了北京师范大学地理系、北京林学会有关专家到怀柔实地考察。专家指出怀柔板栗管理粗放，建议使用酸性复混肥料改善土壤条件，使用微量元素硼肥，提高板栗果实率和饱满度，加强病虫害的防治。这些宝贵意见对发展北京板栗有积极作用。

（二）板栗科学管理与施肥现场指导

北京土壤学会邀请了4名北京林学会专家于2001年下乡去怀柔县就板栗科学管理与施肥现场指导，与会的果农有130人。曹庆昌专家讲解板栗疏雄花的关键技术，板栗专家兰卫宗向农民讲解了板栗栽培技术，肥料专家徐建铭讲解板栗的施肥技术。

（三）协办首都青年科学家论坛会

北京土壤学会协助北京蔬菜学会于2003年10月18日举办首都青年科学家论坛会。学会推荐了邹国元、贾小红2名博士作报告。邹国元同志作了“北京市农业非点源污染问题”的报告，主要内容：农业污染呈上升趋势，农药、化肥、农膜等农用化学品过量使用，农村生活废弃物的无序排放等造成的农业非点源污染，这不仅造成了资源的浪费，而且对农业生态环境和市民身体健康极为不利。贾小红同志作了“畜牧业有机废弃物无害化处理技术”的报告，主要内容为：北京市每年产生畜禽粪便900万吨，通过塔式、卧式粪便发酵处理技术，把畜禽粪便变成有机肥，为农业发展作出贡献。我学会除推荐青年科技工作者在大会作报告外，还推荐了5篇论文，委派14名青年会员参加了此次会议，以实际行动支持大会召开。

（四）农业废弃物再利用现场会

2009年5月25日，学会与北京市土肥工作站、北京农学会、北京食用菌协会合作，在丰台花木集团召开了农业废弃物再利用现场会，与会专家参观了两个有机肥厂，一个是将烂叶、杂草、秸秆处理后制成有机肥，一个是把果园、林地的枯枝落叶处理后制成有机肥，这两家有机肥厂通过机械化处理将垃圾制成有机肥的工艺，得到专家充分肯定，建议在全市推广。

（五）平谷大桃提质增效研讨会

2010年4月25日，学会联合平谷区科学技术协会和平谷区农业科学研究所，共同召开平谷大桃提质增效研讨会。邀请中国农业大学、中国农业科学院、北京市土肥工作站、北京林学会的专家到会指导，60多名科技人员和农户参加会议。土肥专家指出：在桃树上要施好有机肥和化肥，不仅要科学地施好氮、磷肥，而且一定要重视钾肥的施用，钾肥对抗春寒、改善品质和储藏及运输有很大作用。果树专家强调：要根据桃树的生长规律调节好营养生长与生殖生长的关系，桃树在开花坐果期要喷施叶面肥，特别是含有硼锌的叶面肥效果更好。此次研讨会效果很好，很受农民欢迎，农民希望像这类性质的研讨会，常在基层召开。

平谷大桃提质增效施肥技术研讨会现场

（六）世界土壤研究进展暨北京耕地质量管理对策报告会

学会与北京农学会于2011年7月18日，在北京市农林科学院大礼堂，共同举办世界土壤研究进展暨北京耕地质量管理对策报告会。会议邀请中国农业科学院、中国农业大学、北京市农业局的知名专家做学术报告。大专院校、科研院所、农业管理、技术推广和农业企业共20多个院校及单位140多人参加会议。报告主要内容：世界共同面临史无前例的人口、粮食、资源与环境压力。使得土壤与施肥科技受到了重视。土壤是不可再生的宝贵资源，是农业发展的最重要的基础条件，要保证众多人口对粮食的需要，就必须保护土壤，爱护耕地，这是世界大计。专家还介绍了美国、欧洲、非洲、亚洲等国家土壤热点问题的最近进展。另外，还探讨了北京耕地质量问题，北京耕地质量低、中低产田比例大、土壤肥力低、土壤养分不平衡、耕地土壤退化严重等问题，需要探讨并急需采取措施。

（七）测土配方施肥培训

2012年6月29日，北京土壤学会、怀柔区科学技术协会与庙城镇政府联合举办测土配方施肥培训班，邀请北京蔬菜学会、北京土壤学会的专家讲解测土配方施肥的重要性、关键技术、试验方法、蔬菜育苗、栽培管理等技术问题。

同年9月18日，学会邀请北京蔬菜学会司亚平、李小平，北京植物病理学会李明远以及本学会的专家去大兴区长子营镇进行技术培训。蔬菜专家讲解育苗、栽培管理技术，土肥专家讲解蔬菜如何施好有机肥和化肥。与会的20多位农民参加培训，并提了一些问题，如蔬菜施肥、技术栽培管理等问题。

学会专家现场进行技术指导

（八）杏树修剪与施肥培训

2013年2月28日，学会与海淀区农业科学研究所在苏家坨镇，联合举办杏树修剪与施肥培训班。邀请本学会及北京林学会专家为参会农民讲课。果树专家讲解了杏树修剪和管理的关键技术，土肥专家讲解如何为杏树施好有机肥和化肥的技术。同时为他们讲解杏树无公害生产的系列知识。参加培训的农民有40余人，发放资料40余份。

（九）提升耕地质量、助推生态文明学术报告会

2015年9月25日，北京农学会与北京土壤学会联合召开提升耕地质量、助推生态文明学术报告会，来自各区县及在京科研单位60余名土壤肥料领域、生态领域的研究人员参加了此次研讨会，会议由北京农学会理事长陶铁男主持。会上农业部全国农业技术推广服务中心田有国处长、北京市土肥工作站赵永志研究员分别作了“从土壤重金属污染状况看中国生态农业发展途径”“提升耕地质量、助推生态文明建设”的学术报告。内容包括：我国耕地肥力状况、土壤污染情况、土壤培肥技术措施、农业废弃物循环再利用等。此次学术报告会为到会人员提供一个了解最新学科动态、发展趋势及研究热点的机会，同时也为各科研单位间的协作与共同发展搭建了一个良好的交流平台。

（十）园霖昌顺农业有限责任公司调研

2016年5月10日，根据北京市科学技术协会农民致富科技服务套餐配送工程项目要求，近10家北京市学会单位20余人到园霖昌顺农业有限责任公司调研。针对公司生产经营中主要存在问题，群策群力，各自发挥学会的专业知识和条件，共同为企业排忧解难。北京园霖昌顺农业有限责任公司是一家专门生产百合的农业合作社，主营观赏百合、食用百合等以百合为主体的系列产品，公司位于北京市昌平区流村镇经济开发区。在生产的产前、产

中和产后阶段，公司遇到了多种实际问题。一是产量不高，不知如何提高。第一年种植亩产400千克，第二年亩产600千克，第三年亩产750千克，尽管产量逐年有增加，但是相比全国其他地区平均每亩1 500千克的水平，还是相差很远。二是由于连作障碍，产量、品质均受到影响，不知如何克服。三是病虫害防治，土传病原菌传染严重，不知如何防治。四是百合冷藏期很短，全年销售有断档，目前只有5个月，没有延长贮藏期的方法。五是如何生产富硒百合，缺乏微量元素检测技术来检测产品是否做到了富硒。北京土壤学会针对涉及如何增产增效的问题，建议企业先将本园区内的土壤养分情况进行测定，根据养分测定的结果，分析原因，是否由于土壤养分不足而造成产量低，北京土壤学会专家进行科学合理施肥的技术指导，同时指导水肥一体化的先进技术，既能满足施肥需求又可做到节水，对百合的产量和品质提高有重要意义。北京市科学技术协会领导提出，这是第一次集中多家学会对产品（百合）产前、产中、产后全覆盖产业链需求提出的共同会诊，旨在探索一种模式针对产品链环节，支持产品发展。今后这种模式可以得到推广，学会间相互联合开展活动，使更多的企业得到实惠。

（十一）长江经济带农业面源污染研究的建议

2019年8月，北京土壤学会协助北京蔬菜学会联合中国科学院南京土壤研究所与重庆大学，就我国长江经济带农业面源污染问题进行调研，向国务院参事室提出开展“流域/区域尺度农业面源污染综合防控技术研究”的建议报告。报告主要内容如下：

1.加强农业农村污染问题的研究

针对农业农村多介质污染物交互影响机理复杂，农田、种养系统、县域和流域等多尺度阻控机制不清等问题，以农业农村氮、磷、农药、抗生素、重金属、微塑料、新型有机污染物等为研究对象，重点研究：

（1）农田氮、磷、农药淋溶和径流损失机理。

（2）种养系统氮、磷、重金属、抗生素流失机理。

（3）农业多介质污染物复合污染和阻控机制。

（4）县域农业农村多介质污染机理和阻控策略。

（5）全流域硝酸盐、磷指数、生态环境脆弱区划定机理和阻控途径。

2.加强污染物阻控技术与模式研发

针对长江经济带区域复杂的农业生态条件，围绕农田氮、磷、农药、抗生素、重金属、微塑料、新型有机污染物等多介质复合污染问题，以菜田、果园和粮田为研究对象，加强农田多介质污染物阻控技术与模式研发。加强种养加废弃物污染阻控和资源化技术研究。加强农村生活垃圾污染阻控和资源化技术研究。

3.建立综合防控示范区

针对目前仍然缺少全流域面源污染综合防控的流域集成方案和综合示范的现实，在长江经济带上游选择集约化果树、蔬菜、稻米、生猪主产区和农村人口密集区建立针对氮、磷、农药、抗生素、重金属、微塑料、新兴有机污染物等多介质复合污染物综合防控示范区。选择典型的流域，根据硝酸盐、磷指数、生态环境脆弱区划定，建立上中下游综合阻控的系统集成方案和全流域示范区。

（十二）多学科联合助力大桃提质增效

针对平谷大桃生产现状，以北京金果丰果品产销专业合作社为试验区，在北京市科学技术协会、平谷区科学技术协会支持下，北京土壤学会牵头，联合北京农学会、北京植物病理学会、平谷区果品办公室及相关科研单位等，依据2017年平谷区耕地质量保育与提升对策报告，开展该基地大桃品种、产量、品质、收益等调研，系统检测土壤肥力、环境、水分等指标，实施土壤调理、科学施肥、节水灌溉与精细化管理技术研究，计划3 ～ 5年提出平谷大桃提质增效肥水系统调控技术规程。目前项目在继续执行当中。

贾小红（右一）、刘宝存（右二）、刘善江（右三）在平谷大桃种植基地进行现场技术指导

（十三）北京联合体挂牌成立

2017年4月11日，北京优良食品联合体挂牌成立，北京土壤学会成为13家创始成员之一。北京优良食品联合体旨在北京食品行业科技社团横向联合、整合科技资源与人才优势、共同探索科技社团管理创新模式的基础上，进一步完善科技社团治理结构、促进科技交流及成果转化、做好“科技套餐工程项目”、为首都人民优良食品做好安全保障。

2017年7月23日，北京现代农业联合体成立。该联合体是由北京农学会、北京蔬菜学会、北京土壤学会等35家涉农学会及企业发起成立，将致力于发展“产出高效、产品安全、资源节约、环境友好”的新型现代农业，探索创新科技社团工作模式，促进资源互补和共同进步，为促进北京都市型现代农业发展，建设全国科技创新中心作贡献。

北京优良食品联合体成立大会现场

北京现代农业联合体成立大会现场

北京现代农业联合体成员合影

三、与省际土壤学会合作开展学术交流活动

（一）北京市与外省市土壤和肥料学术交流会

学会于2002年9月26日上午9时，在北京市农林科学院植物营养与资源研究所召开“北京市与外省市土壤和肥料学术交流会”。来自中国农业大学、中国农业科学院、中国科学院地理科学与资源研究所、北京市农林科学院、北京市土肥工作站、广东省农业科学院、浙江省环境保护科学设计研究院、湖南省生物机电职业技术学院、安徽省农业大学、山东省齐鲁石化技工学校等十几个院校及单位的30多位专家和学者出席了这次会议。首先由北京市农林科学院植物营养与资源研究所所长刘宝存研究员介绍了本所发展情况，重点讲述有机肥和缓控释肥的问题；中国农业大学的专家讲述了科学地定量化施好化肥，减少化肥对环境的污染；中国科学院地理科学与资源研究所的专家介绍了土壤与施肥的关系；北京市土肥工作站的专家介绍了北京市施肥状况，化肥和有机肥及叶面肥的相互关系；广东省农业科学院的专家阐述施钾肥的重要性；湖南省的专家提出今后要大力发展缓控释肥；安徽和浙江的专家提出土壤和施肥与环境保护要紧密结合，必须强调生态平衡。

这次会议为北京市的土肥科技工作者了解外省市土壤与肥料动态提供了很好的机会，也为今后我们与全国同行进行更深入的交流与合作奠定了基础。

（二）全国新型肥料研讨会

2003年9月15～20日学会在理事长带领下，一行10多人去内蒙古参加全国新型肥料研讨会，朱兆良院士和金继运研究员主持会议。会上，北京的代表黄鸿翔、林葆、李家康、张夫道、曹一平等都作了学术报告。会议期间，专家们共同讨论国家下达的中长期肥料研究计划，在座各省市的专家提出了不少修改意见，然后报中央审批。另外，大会秘书组还组织部分代表讨论“新型肥料协会”成立的若干问题。最后，大会组织与会的代表考察当地的土壤、地貌、植被等自然景观。

（三）2014年环首都区域生态建设研讨会

2014年9月18～19日，中国科学技术协会主办的“2014年环首都区域生态建设研讨会”在河北省唐山市召开。会议特邀中国科学院植物研究所张新时院士、北京大学城市与环境学院院长陶澍院士、中国科学院烟台海岸带研究所所长骆永明研究员、中国农业科学院章力建研究员、环境保护部自然生态保护司张山岭处长与会。河北、北京、天津、山西、内蒙古、山东、河南土壤学会专家就各区域土壤污染现状、成因、防治对策作了专题报告，北京土壤学会4位专家参会。北京市农林科学院植物营养与资源研究所所长刘宝存研究员、中国科学院地理科学与资源研究所资源工程与环境修复研究室主任陈同斌研究员、中国农业科学院农业资源与农业区划研究所马义兵研究员分别就北京市土壤重金属污染现状、成因、修复治理技术，土壤重金属污染对食品安全的影响作主题报告。特邀专家及与会代表

就土壤污染标准、土壤污染防治法制定、修复治理技术、评价指标方法进行了专题讨论。张山岭处长就我国土壤污染状况、修复治理、土壤污染标准制定等工作谈了自己的看法，提出了土壤污染系统防治的思路，标准制定、立法应适合我国国情以及执法的可行性。会后将形成的相关报告建议向中央及各地方省（自治区、直辖市）主管部门反馈。本次会议促进了环首都区域土壤污染的治理。

2014年环首都区域生态建设研讨会现场

（四）都市现代农业土壤质量问题与对策学术研讨会

2018年12月10日，北京土壤学会联合广东土壤学会在湛江召开了“都市现代农业土壤质量问题与对策学术研讨会”，会议由北京土壤学会副理事长曾希柏研究员主持，50多人参加了这次研讨会。

会议邀请了中国农业科学院农业环境与可持续发展研究所曾希柏研究员、新西兰梅西大学王海龙教授、中国地质大学吴克宁教授、仲恺农业工程学院杜建军教授及杨杰文教授、广东省农业科学院农业资源与环境研究所艾绍英研究员、中国农业大学黄元仿教授、北京市土肥工作站贾小红研究员、北京市农林科学院植物营养与资源研究所赵同科研究员分别作了关于土壤健康问题的几点思考、生物质炭及其在土壤修复中的作用、土壤健康与耕地质量评价、水肥耦合增效技术与产品研发、都市土壤肥力变化与风险农田农艺调控技术、旱作区生产力演变与耕地质量变动表编制、北京有机肥产业发展历程与未来、环渤海地区地下水硝酸盐含量消长规律及污染风险防控、固—液界面六价铬还原过程及其环境意义的学术报告。

报告主要内容包括：健康土壤和健康产业发展的建议、都市农田土壤肥力质量变化、风险农田农艺调控技术研究与应用、北京有机肥加工发展历史及政策、过量施用有机肥对土壤的影响、有机肥定量化推荐使用技术、旱作区土壤肥力和生产力演变规律、县域耕地质量变动表编制、提高水肥资源利用效率、实现水肥耦合增效的物化产品、利用高吸水性树脂控制养分释放、土地评价、耕地质量评价、不同生物质废弃物及其热解温度对生物质炭理化特性的影响、生物炭在修复污染土壤和水体中的作用。

通过这次学术研讨会，为科技工作者搭建了一个学术交流平台，拉近了省级学会的关系，为今后省际学会进一步合作奠定了基础。

都市现代农业土壤质量问题与对策研讨会现场

都市现代农业土壤质量问题与对策研讨会与会人员合影

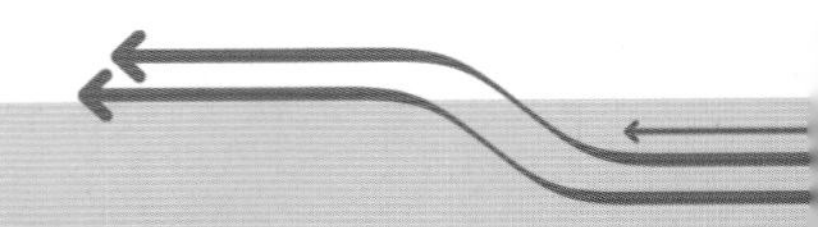

第五章 土壤学科后备人才的培养

北京土壤学会中青年人断档严重，特别是20世纪80 ～ 90年代更甚。据2000年统计，全学会共有会员410人，其中60岁以上的有125名，占30%，即离退休的会员占近1/3。青年会员少，在青年会员中刚从大学毕业的占大多数，他们刚从学校走上工作岗位不久，缺乏实际工作经验，遇到问题往往束手无策。学会对青年会员培养工作十分重视，作为学会经常性工作之一，通过举办青年科技论坛、论文比赛、演讲比赛，推荐他们参加全国会议，在大会上作报告等活动，给他们搭建一个提高学术水平的平台。通过带领他们考察生产一线，目睹老专家解决疑难问题，丰富他们的农业生产知识，提高服务“三农”的本领。通过组织考察自然景观等活动，帮助青年会员将书本知识与实践相结合，加深对土壤科学的理解。学会还尽可能为他们提供进修的机会。

一、推荐青年学者进修和参加全国会议

1989年，学会通过日本友人安源稔先生与日本东京都氮素株式会社研究所友好协商，达成由日方出资帮助我们培训2个人赴日研修的协议。学会与北京市农林科学院植物营养与资源研究所及植物保护环境保护研究所商量后，决定派徐秋明、王英男两位青年学者赴日分别进行新型控释肥料和植物病害防治两个专题的研修。两人经过一年学习后回国。其中徐秋明回国后以日本控释肥生产设备为基础，经过多次反复设计修改，终于制作出国内首台生产控释尿素的设备，开发出控释尿素初级产品。之后又经过反复试验，研发成功“L”型和“S”型控释尿素及适用于多种作物多种养分的专用控释肥料，为我国发展控释肥料开辟了新纪元。

积极参加国家级学会学术会议。中国土壤学会和中国植物营养与肥料学会是北京土壤学会的上级学会，北京土壤学会作为中国土壤学会和中国植物营养与肥料学会的团体会员单位每年组织学会会员积极参加上级学会举办的各种专业学术研讨和学术交流等会议，并且推荐本学会会员在大会上作报告和提交学术论文等。中国土壤学会自1945年成立至今已有75年，北京土壤学会自成立以来累计组织会员5 000多人次参加中国土壤学会组织的各种

会议。中国植物营养与肥料学会于1982年2月成立至今已经38年，北京土壤学会累计组织会员2 500多人次参加中国植物营养与肥料学会的各种会议。通过参加这些会议使学会会员进一步认清了本学科领域的前沿研究与发展动态，提升了会员的知识与学术水平，开拓了大家的科研与学术视野。

二、组织青年土壤工作者调研与考察

1.海坨山

1991年9月，学会组织20多名青年会员在老专家的带领下考察海坨山。海坨山位于北京西北，是北京第二高峰，海拔2 241米，随着山地高度的增加，气候随之变化，自然环境发生垂直变化。为了让青年人了解海坨山的特殊地理环境，同去的老专家讲解了海坨山垂直带谱的特征，在不同的垂直结构和水平结构的生物多样性。气候垂直变化规律导致土壤、生物自上而下的变化，植被由高山草甸—高山灌木—针叶林—针叶阔叶混交林带逐渐过渡到落叶阔叶林带；土壤类型呈现由高山草甸土—棕壤—褐土—潮土的变化规律。通过海坨山的考察，使青年人开阔了眼界，学到了课堂上学不到的知识，这次活动很受青年会员的欢迎。

2.阿苏卫垃圾卫生填埋场

1997年10月22日中国土壤学会土壤环境专业委员会组织部分青年会员20余人和中国农业大学学生对北京市阿苏卫垃圾卫生填埋场进行了考察和交流。

阿苏卫垃圾卫生填埋场位于昌平区小汤山镇西南部，是全国最大的现代化垃圾卫生填埋场。垃圾主要来源于海淀区、东城区和西城区，以生活垃圾为主，为北京市垃圾总量的2/5。垃圾填埋场的关键问题是噪声和气味以及对地下水的污染等问题。由于填埋场远离居民区，因此不存在对周围环境产生噪声和恶臭污染问题。对于是否对地下水造成污染的问题，由于填埋场5米以下有31米的黏土层，并且在黏土层上又覆盖了一层4厘米厚的化学防渗层，因此对地下水无污染。值得注意的是，将来产生的甲烷气体等将如何收集，收集后将如何利用是将来值得注意的问题。

3.北京锦绣大地农业股份有限公司

1999年3月，北京土壤学会组织了15名青年会员到北京锦绣大地农业股份有限公司参观。该公司成立于1998年2月，占地1 800亩，注册资金为1.8亿元人民币，总投资逾5亿元，是以畜牧业、种植业、观光农业为三大支柱的现代化、高产、高效农业企业。由于该公司的畜牧业、观光农业正处于起步阶段，学会主要参观了种植业。该种植业主要在温室进行，以无土栽培为主，无土栽培的温室分为组培车间、育苗车间、蔬菜工厂。组培车间占地800米^2，主要培育马蹄莲、百合等，产品出口至东南亚、我国香港等地；育苗车间主要进行种子的萌发至苗期的培育，该车间育苗全在湿纸或蛭石中进行，待幼苗到5厘米左右就移到该车间的营养液水池中生长，池中的营养液不断循环利用，而且工作人员每天监测3次，以保证幼苗的正常生长。幼苗在营养液水池中生长，一周左右就转移到蔬菜工厂，该工厂的特点是鱼菜共生，水面种菜，水中养鱼，一举两得。此外还参观了他们的中心实验室，该实验室主要进行花卉、基因等方面的研究。

此次参观，对学会青年会员启发很大，大家都感到受益匪浅，使我们对所从事的专业有了更深入的思考。

4.怀柔区北房镇梨园庄

2002年5月18日，学会3名青年科技人员随北京市“科技新星”赴怀柔区北房镇梨园庄进行科普下乡活动。农民们向专家咨询有关土壤肥料、作物育种、畜牧兽医、蔬菜果树等方面的问题，土肥专家李吉进向农民介绍了如何培肥地力、改良土壤、科学施肥及合理施用复混肥的技术。农民们把当前农业生产中遇到的各种难题向专家们讨教，专家们耐心细致地向农民解答。这次活动得到了农民朋友的热烈欢迎，他们称赞这次下乡的科技工作者为科技兴农的使者、科学种田的后盾。

5.陶然亭公园主题科技活动

2002年5月18～19日，北京土壤学会副秘书长徐建铭先生带领4名硕士生参加了陶然亭公园以“绿色进万家”为主题的科技活动。这两天陶然亭公园装饰一新，彩旗招展，鲜花怒放，人山人海，像春节的庙会一样热闹。北京土壤学会活动位置紧靠北京水利学会。北京土壤学会发放了有关绿色食品的环保型长效复混肥的科普材料500份；3个展示板面；用收录机放2盘磁带，内容为安全食品与人体健康的关系，还开展了一些技术咨询活动，有很多朋友询问花卉肥料、花卉施肥技术、药材施肥技术和长效复混肥施用技术等。在即将结束时，北京土壤学会的几位同志进行了交流，认为这次科技活动举办得很成功，不仅参观者受益，而且办会者也学到了不少东西。

6.山东省惠民县

2004年8月24日，北京土壤学会协助中国农业大学社会实践惠民（专业）小分队到农村做调查，小分队一行25人分为5个小组，7天时间定点调查了54个村，平均每村随机抽样10户，收集到的调查结果540份，调查内容主要是作物品种、产量、施肥及灌水、农药的喷施以及农户的收支等情况。

山东省惠民县是个农业大县，种植业是农民的主要经济来源，然而调查结果显示主要种植作物都存在不同程度施肥过量的问题，导致农业投入增加，经济效益下降。由于缺少科学种田知识，农民对如何降低农业生产成本投入，提高作物产量，增加经济收入知之甚少，大多数农民种地靠经验。农民对科学种田知识的普及表现出强烈渴望，他们希望能通过科学种田减少投入、增加产量。因此，他们积极地支持和配合，使调查顺利完成。

三、组织青年科技工作者论坛与演讲赛

1.中青年优秀论文交流与评选活动

1997年为了促进中青年科技人才的成长，促进学科发展，北京土壤学会于科技周期间举办了中青年优秀论文交流与评选活动。这次活动共收到论文27篇。经专家初审后，从中选出了10篇论文在会上进行了交流和评比。出席本次交流和评选活动的有30人，交流的10篇论文质量较高，大多数论文已有阶段性成果。由于论文作者在赛前准备充分，不管是所

作的报告，还是对问题的回答都体现了较高水平，获得了评委们的好评。会上，评出了一等奖4名，二等奖4名，三等奖2名。大家一致认为，这是一次非常成功的学术交流，具有一定的实际意义和影响力。

2.第五届北京青年优秀科技论文评选工作

1999年，根据北京市科学技术协会的精神，开展第五届北京青年优秀科技论文评选工作，经过专家评选北京土壤学会推选出5名青年会员的论文，参加北京市科学技术协会评选。通过此项活动，提高了青年会员的积极性，增加了他们对学会的认识与对学会的支持。

3.青年科技工作者论坛会

2002年11月21日青年科技工作者论坛会在中国农业科学院土壤肥料研究所召开。参加论坛会的有来自中国农业大学资源与环境学院、中国农业科学院土壤肥料研究所、北京市农林科学院植物营养与资源研究所、海淀区农业科学研究所的十几位博士和硕士。论坛会的内容归纳如下：

（1）土壤学属于基础科学，但目前从上到下对土壤研究不太重视，上一个项目很困难，经费很紧张。土壤普查的一些图表数据得不到应用，土壤工作处于低潮时期，如何改变这个现状是个大问题。

（2）肥料市场比较混乱，如叶面肥、生物肥料等。目前化肥上存在一些误区，建议学会请知名专家和领导开一次研讨会，对肥料的一些问题要重新认识一下，如化肥有没有危害？污染程度如何？如何做到科学施肥？要统一思想，共同促进化肥事业的发展。

（3）我们不能套用国外的标准，要从中国的实际出发，制定出自己的标准，如无公害农产品、有机农产品、绿色食品等的相关标准。

（4）有人说江苏的太湖污染、云南的滇池污染等都是施用化肥造成的，对于这些说法，应该有检测报告和数据，以理服人，空谈不是科学的态度。

4.土肥界青年科学家如何应对食品安全研讨会

学会于2004年10月23日在中国农业科学院土壤肥料研究所召开土肥界青年科学家如何应对食品安全研讨会，来自中国农业科学院、中国农业大学、北京市农林科学院以及北京市海淀区农业科学研究所等单位的20多人参加会议。会议以讨论为主，中心内容归纳如下：

（1）硝酸盐污染。硝酸盐在人体中极易被还原成有毒的亚硝胺，是极强的致癌物质，会导致胃癌和食道癌。我国由于在菜地上大量使用化肥，造成许多蔬菜硝酸盐严重超标。另外，硝酸盐含量过多会引起土壤酸化，破坏土壤结构，污染地下水。

（2）重金属污染。工业“三废”含有铅、锌、铜等多种有害物质，使蔬菜品质变劣，产量下降。

（3）饲料污染。在饲料中过量加入重金属铜、锌、铅等饲料添加剂造成的污染。

（4）农药的污染。为了防治蔬菜病虫病，大量使用化学农药，北京郊区菜地用量每亩在9千克以上，据市场菜抽样检测，有机磷超标率33.3%，其中韭菜超标率100%，小白菜超标率80%，小油菜超标率50%。

（5）其他污染物。其他污染物也很多，如在牛、猪、羊体内注射雌激素；在饲料中加入生长激素；为了瓜果早熟上市加催熟剂；为提高猪肉的瘦肉含量加瘦肉精；为了面粉增白加入石膏粉、滑石粉的增白剂：在农产品中还普遍存在着激素、雌激素、抗生素及环境激素，对人体危害很大。

5.青年优秀论文评选

2005年学会组织了青年优秀论文评选，其内容以土壤、肥料、环境为主。中央和地方的土肥界各个单位共推荐优秀论文20篇，经评委会评定7篇论文为获奖的优秀论文，并发给奖金和证书。在优秀论文表彰大会上，学会的领导和老科学家们发了言，他们希望青年严格要求自己，在学术上要有创新，努力地锻炼自己，不辜负党和国家的重托，早日成为国家的栋梁之材。

6.青年学者及博士论坛会

2007—2008年，学会组织了3场青年学者及博士论坛会，报告主题包括：氮素调控对甘蓝硝酸盐和土壤硝态氮含量的影响；玉米种植条件下，沸石对土壤铅、镉含量变化的影响；分光光度计法测定包衣尿素的溶出量；保护地土壤酸化特性及机理的研究；京郊污染河流、路域及居民区周边农田重金属污染状况的分析；水稻轮作下两种土壤钾素动态变化差异的研究等。

7.2009年青年学术论文演讲赛

2009年6月，学会举办青年学术论文演讲赛，报名参加的有50余人，经评委会初选，推荐11篇论文的作者参加比赛，经评委打分，评出一等奖3名，二等奖和三等奖各4名。学会推荐了3名会员（姜慧敏、马韫韬、杜连凤）参加10月北京市科学技术协会在怀柔举办的全市各学会优秀论文演讲比赛，获得2个三等奖，1个鼓励奖，北京土壤学会获得优秀组织奖。

8.青年学术演讲赛

2010年8月，学会举办了青年学术演讲赛，经各单位推荐有30多位青年参赛，经专家打分评议，评出一等奖3名，二等奖4名，三等奖5名，优秀奖6名。学会负责人在大会上宣读获奖名单并发奖状、奖品以示鼓励。同时，推荐4名获奖者参加北京市科学技术协会举办的青年学术演讲赛，其结果，北京土壤学会有一名获得优秀奖，另一名获鼓励奖。

9.青年学术论坛会

2011年9月，学会在北京市农林科学院植物营养与资源研究所召开青年学术论坛会，会上由北京土壤学会常务理事邹国元主持会议，学会秘书长致辞，参加的单位有中国农业科学院、中国农业大学、中国地质大学、北京市农林科学院、北京市土肥工作站、海淀区及丰台区农业科学研究所、北京农业生产资料有限公司等10几个单位、院所50多位青年会员参加会议，中国农业大学黄峰博士，中国农业科学院张文菊博士，中国地质大学鞠兵博士，北京市农林科学院杜连凤博士、孙钦平博士，北京市土肥工作站郭宁硕士等作了精彩报告。与此同时，与会的5位专家评委从6位报告的学者中，推选出3名，参加北京市科学技术协会举办的青年优秀论文赛。

10.青年学术论坛及演讲赛

2012年10月23日召开青年学术论坛及演讲赛，中国农业大学赵楠博士、陈冲博士，中国农业科学院张文菊博士，中国地质大学鞠兵博士，北京市农林科学院徐钦平博士、左强硕士，北京市土肥工作站王胜涛博士等7位会员在会上做学术演讲，参会的青年科技工作者有40多人。评委评出：2个一等奖，2个二等奖，3个优秀奖。学会颁发奖品和证书。

11.青年优秀论文演讲赛

2013年8月22日，北京土壤学会在北京市农林科学院举办青年优秀论文演讲赛，邀请中国农业大学黄元仿教授、中国农业科学院龙怀玉研究员、中国林业科学研究院焦如珍研究员、北京市农林科学院刘宝存研究员及北京市土肥工作站王维瑞研究员担任评委。来自6个单位的7名青年学者参加此次演讲赛，经评委从内容、表达能力及精神风貌等几个方面为选手打分，最后评出一等奖3名（中国科学院地理科学与资源研究所万小铭、中国地质大学孙亚彬、北京市农林科学院李丽霞），二等奖2名（中国农业大学崔振岭、北京市农林科学院陈延华），三等奖2名（中国农业科学院段英华、北京市土肥工作站刘自飞），学会为获奖人员颁发了证书及奖品以资鼓励。

12.2014年青年博士优秀论文演讲赛

2014年6月9日，北京土壤学会在北京市农林科学院植物营养与资源研究所举办了青年博士优秀论文演讲赛。比赛由学会秘书长刘宝存主持。邀请了中国农业大学黄元仿教授、北京市土肥工作站贾小红研究员、中国农业科学院白由路研究员、中国科学院地理科学与资源研究所雷梅研究员、中国地质大学王金满教授、北京市农林科学院赵同科研究员6位专家担任评委。经评委现场打分，评出中国科学院地理科学与资源研究所梁琪、北京市土肥工作站文方芳获得一等奖；中国农业大学叶回春、北京市农林科学院植物营养与资源研究所杨金凤获得二等奖；中国农业科学院仇少君、中国地质大学魏洪斌获得三等奖，一等奖获得者，被推荐参加了北京市科学技术协会组织的全市学术论文演讲赛。

2014年青年博士学术论文演讲赛现场

13.2015年青年博士优秀论文演讲赛

2015年3月25日，学会召开2015年青年博士优秀论文演讲赛，选手是从报名参赛的20余位青年科研工作者中选出的。此次演讲赛以露地蔬菜施肥为主题，各位选手通过热情洋溢地演讲，深入浅出地介绍了对本学科发展方向的看法及趋势判断，并结合研究实际介绍了各自的最新研究成果。经评委现场打分，文方芳获得一等奖，其力莫格、许俊香、周丽平获得二等奖，张立平、马茂亭、高杰云获得三等奖。此次演讲赛全部采用英文演讲与讨论。

2015年青年博士优秀论文演讲赛获奖者合影

14.2016年青年学术论文演讲赛

2016年8月5日，北京土壤学会召开了青年学术论文演讲赛，比赛由学会常务副理事长主持。邀请了中国农业大学、中国农业科学院、北京市土肥工作站、北京市农林科学院等高校、科研单位的5位专家担任评委。参加演讲的14名选手是从报名参赛的30余位青年科研工作者中选出的。此次演讲赛以土壤环境及科学施肥为主题，各位选手通过演讲，介绍了本学科的研究进展、各自的最新研究成果及今后的发展方向。经评委现场打分，北京市土肥工作站刘瑜、北京市农林科学院植物营养与资源研究所李艳梅、中国农业大学彭骁

2016年青年学术论文演讲赛现场

阳获得一等奖；中国农业大学王宏、温敏敏，中国地质大学查理思，北京市农林科学院植物营养与资源研究所陈延华获得二等奖；哈雪姣、刘霈珈、于跃跃、岳燕、魏雪勤、赵跃、张远获得三等奖。此次比赛获得一等奖的3位选手，北京土壤学会将推荐至北京市科学技术协会参加第十七届北京青年学术演讲比赛。

15.2017年青年学术论文演讲赛

2017年7月21日，北京土壤学会召开了青年学术论文演讲比赛，会议由学会常务副理事长主持。邀请了中国农业大学、中国农业科学院、中国林业科学研究院、北京市土肥工作站、北京市农林科学院的5位专家作为评委。参加演讲的14名选手是从报名参赛的20余位青年科研工作者中选出的。此次演讲比赛以“我是一名土肥人”为主题，结合研究实际介绍了各自的最新研究成果。经评委现场打分，中国林业科学研究院王超群和中国农业科学院张晓佳获得一等奖，北京市土肥工作站王睿、中国农业大学陈雪娇和北京市农林科学院植物营养与资源研究所王悦获得二等奖，唐灵云、闫实、宋大平、曹梦获得三等奖。此次比赛获得一等奖的两位选手，北京土壤学会将推荐至北京市科学技术协会参加第十八届北京青年演讲比赛。

2017年青年学术论文演讲赛获奖者与评委合影

16.2018年青年学术演讲赛

2018年10月15日，北京土壤学会在北京市农林科学院植物营养与资源研究所举办了2018年青年学术演讲赛。演讲赛由学会秘书长刘宝存研究员主持，邀请了中国农业大学黄元仿教授、中国林业科学研究院焦如珍研究员、北京市土肥工作站贾小红研究员、中国农业科学院孙楠副研究员、北京林业大学孙向阳教授、北京市农林科学院邹国元研究员作为演讲赛的评委。此次会议共有三十多人参加。

演讲赛以“农业绿色发展”为主题。参赛的18位选手分别来自中国农业大学、北京市农林科学院、北京雷力公司、北京林业大学、北京市土肥工作站、中国农业科学院等单位。

2018年青年学术演讲赛现场

2018年青年学术演讲赛获奖者与评委合影

选手结合本领域学术新观点、新成果、新技术从不同角度阐述了对农业绿色发展的看法。经评委现场打分，评选出一等奖中国农业大学黄新君、地质大学单阿丽2位；二等奖北京市农林科学院植物营养与资源研究所左强、孙娜，中国农业大学田彦芳、中国农业科学院王树会4位；三等奖中国农业科学院王齐齐、徐丽萍、冯媛媛，北京市农林科学院植物营养与资源研究所薛文涛、王磊，北京林业大学蔡琳琳、中国农业大学李鑫林7位；优秀奖若干名。最后学会领导为获奖选手颁发了证书。

17.2019年青年学术演讲赛

2019年，学会组织了青年学术演讲赛，参加演讲的10名选手是从报名参赛的28位来自科研一线的青年科技工作者中经初评选拔而出。此次演讲赛以"礼赞伟大祖国，畅想科技时代"为主题。中国地质大学郝士横获得一等奖，北京市农林科学院植物营养与资源研究所孙娜、中国农业大学王洋获得二等奖，这三位选手被推荐参加第二十届北京青年科技演讲比赛。

2019年青年学术演讲赛现场

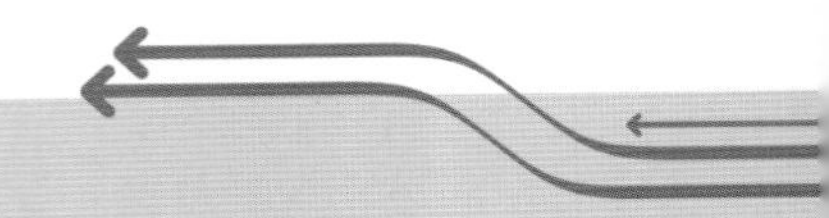

第六章 追忆与展望

一、追忆李连捷先生

张凤荣（中国农业大学资源与环境学院）

中国科学院学部委员、北京农业大学一级教授、中国土壤学会和北京土壤学会第一至三届理事长、著名土壤学家李连捷先生已经离开我们28年了。在我们编写《足迹　北京土壤学会62年　1957—2019》这本书之时，回顾将毕生的精力献给了中国土壤科学事业的李连捷先生的事迹，对于我们在新时代发展土壤学，具有重要的启迪意义。

1.地质学为他研究土壤发生分类奠定了坚实的基础

李连捷先生1908年6月17日出生于河北省玉田县的一个农民家庭。1927年毕业于北京汇文中学后，考入山东齐鲁大学医学院，立志学医。1928年，山东发生饥荒，日本帝国主义以“护侨”为名义入侵济南，李先生被迫离开济南，转入燕京大学理学院学习地质地理学，1932年毕业，获理学学士学位。

李连捷先生1932年在燕京大学理学院地质地理系毕业后，即进入中央地质调查所（现在的南京土壤研究所所在地）工作。当时，并没有中国科学院南京土壤研究所，只是在中央地质调查所设了一个土壤研究室。当年参加工作的李先生到陕西关中调查土壤资源、农业概况及第四纪地质。1933年秋，又在南京、上海、杭州三角洲，围绕太湖30余县调查研究水稻土和第四纪下蜀黄土上发育的土壤。1935年春，在南宁、柳州和桂林等地进行土壤调查和制图时，详细研究了黑色石灰土的发生进而演变为红壤所经历的各个阶段。南京沦陷前，中央地质调查所迁至北碚，李先生开始了四川盆地紫色土的调查研究。1939年，在贵州中部再次开展石灰岩发育的土壤调查研究。1940年春，他再度深入广西，又发现了不同的石灰岩母质演变为各种石灰土所经历的各个阶段。李连捷先生研究土壤时，特别注重成土因素，尤其是岩石矿物和第四纪沉积物类型对区域土壤发生和土壤性质的影响；这给我留下了深刻印象。例如，我读研究生时，在南口进行土壤发生分类研究，在那里发现了与北京普遍存在的褐土完全不同的红色黏土，回来跟李先生讲，我不明白为什么北京有红得像红壤一样的土壤。他听后，就去南口考察。在昌平雪山（山前残丘），他告诉我，红色黏土内有硅质岩屑的，是上新世湿热气候下石灰岩发育的红色石灰土残留下来的；南口台地（古洪积扇）上的红黏土与高度风化砾石混杂沉积物是上新世红色石灰土被水土流失冲积到山前沉积下来的。1986年，第二次全国土壤普查湖北省黄冈地区土肥站发现大别山垂直带存在黏土矿物类型倒置现象，邀请李先生到大别山考察土壤，给予解释。去之前，我问李先生，这是为什么。李先生笑笑说，这也没有啥可稀奇的，很可能是岩石不同造成的。我们实地考察，确实发现中山地带与低山地带的岩石类型不一样。李先生研究土壤发生分类特别关注岩石矿物和第四纪沉积物类型对土壤性质和类型的影响，受李先生影响，我也如此。

实际上，土壤学的奠基人道库恰耶夫就是地质学家。中国老一代土壤科学家都具有坚实的地质学基础。像中国著名土壤学家马溶之先生也是燕京大学地质地理系1933年的毕业生。席承藩、宋达泉、朱显谟等毕业于北平大学农学院农业化学系，但那时的农业化学系的学生要学地质学、气象学、植物学等课程。我在1978北京农业大学土壤农业化学系，也系统地学习了地质学、气象学、植物学这些课程。如果没有地质学基础，仅把土壤当作基质，或者就是用盆栽或在试验田里做试验，试验结果就很难推广到大田中去。因为即使土壤的质地和养分一样，若地理位置不同，水热条件不一样，下伏基岩不同，其物质的淋溶就会不一样。

2.在土壤调查工作中研究土壤发生和分类

李先生总是说，你走的路有多远，观察的剖面有多少，你就对土壤发生分类有多深的认识。直到晚年，他都特别喜欢到野外考察。虽然我跟着李先生攻读硕士学位（1982年3月至1984年12月）和博士学位（1985年3月至1988年1月）时，先生年事已高，但作为他的学生和助手，曾随先生参加全国会议到过很多地方，而且每到一个地方开会，他都要求会议组安排他到野外看看。一到野外，先生的兴奋溢于言表，甚至哼起小曲。

1933年春，李连捷先生在皖北宿县、皖中滁县（现滁州）和皖南繁昌等地进行土壤调查和制图；同年秋，又在南京、上海、杭州三角洲，围绕太湖30余县进行以水稻土为主的调查和第四纪下蜀黄土上发育的土壤研究，这期间，他往返于大江南北，徒步万里，采集土样近千个，对太湖流域、长江三角洲进行了土壤成因和地貌的分析，还绘制了1∶100 000的水稻土分布图。在1940年去美国留学之前，李先生参与了当时中央地质调查所的大部分野外考察工作，主笔和参与撰写《江苏省句容县土壤调查报告》《渭河流域土壤调查报告》《河北省定县土壤调查报告》《广西南宁盆地中红壤之分布及其地文意义》《江西省黎川县之土壤》《广西柳江县土壤概要》《贵州中南部之土壤》等十余部土壤调查报告，对土壤形态特征和理化性质以及气候、地形、地质、植被等地理环境条件进行了详细而较专业的描述。

中华人民共和国成立后，他参加了为了土壤开发利用的综合考察，包括西藏、新疆和青海的综合考察；海南岛、雷州半岛等沿海地区橡胶宜林地调查；东北、西北军垦农场建设考察。在这些综合考察中，他作为考察队队长或是队员专家，负责土壤类型的确认和土地适宜性评价工作。

他的土壤调查足迹遍布大江南北，汗水洒落在平原和山区。他考察过上万个土壤剖面，行程逾3×10^5千米。长期的实践，使他积累了丰富的经验，进而升华为理论，为我国的土壤发生和分类做出了杰出的贡献。他的诗“晚年盛世人不老，梦醒犹希踏昆仑”表达了他对土壤调查工作的热爱。

3.为区域土地利用开发服务

李连捷先生始终坚持以土壤科学研究为生产服务的方向。他认为土壤应在宏观系统理论上帮助农业生产的发展，他曾说过：“土壤学绝不是只研究那二亩半土地，而要把眼光放在九百六十多万平方公里国土的开发和治理上”。

西藏和平解放后，为了开发边疆，巩固国防，尽快改变西藏贫穷落后的面貌，1951年，政务院中央文化教育委员会决定选派一批优秀的科技人员，包括农业、土壤、地质和医药等方面，组成工作队，赴西藏进行科学考察和生产开发。李连捷先生被任命为西藏工作队农业科学组组长。1951—1952年，李先生为了事业的需要两次进藏，克服重重困难，考察了青藏高原独特的地理环境、气候和土壤条件以及农牧业生产状况，帮助兵站建立农场，为部队副食品供应打下了良好的基础；使试种的黑麦亩产达400千克，引进的苜蓿等豆科牧草深受广大牧民的欢迎。内地的冬小麦、圆白菜、大白菜和萝卜也在高原安了家，为西藏地区的农牧业生产的发展和农牧民生活的改善，作出了积极贡献。李先生在世时，每当他回忆起这段经历，都还在为用自己的土壤学知识帮助了部队和当地农民发展农业生产服务而激动。

1951 年，轻工业部为了加速华北地区经济发展，计划建立一个日处理千吨的甜菜糖厂。他应邀先后在察哈尔、绥远和山西三省进行了为期三个月的考察，就土壤、气候对甜菜含糖量的影响等问题进行了广泛地调查研究和综合分析，选择了厂址，确立了甜菜生产适宜区域，建成了中华人民共和国成立后华北地区最大的食糖生产基地。

1956年，他率领由120多人组成的中国科学院新疆综合考察队，对新疆的土壤、气候、植被、地质、地貌、农学、畜牧和水利等进行了考察。经过调查，证明阿尔泰地区有丰富的水源，可以引用额尔齐斯河水灌溉北疆的草地，以此来改善北疆的草原质量，发展北疆的畜牧业生产。

1963年，李先生又同南京大学地质专家肖楠森等一行 10 余人到黄河后套调查，了解到那里虽有良田百万亩，但由于没有合理的灌溉和排水系统，农民盲目地引黄灌溉，造成了严重的次生盐渍化，盐斑成片分布，水稻田内杂草、芦苇丛生，产量极低。针对这种情况，李先生等建议将全河套70万亩盐渍化低产农田，按其盐渍化程度分为四大地段，进行系统排灌，分段治理；并以东端乌梁素海低地作为总排水枢纽，进一步深挖，以利流水畅通下泄。这个方案的实施意义重大，既可引黄灌溉，又可适时排水，防止地下水位抬升。为控制次生盐渍化的发生，因地制宜种植各类作物提供基础和条件，对支援包头钢铁公司的生产和职工生活所必需的农副产品的供应起到了重要作用。

1975年，他又应邀到湖南省城步苗族自治县进行南山的开发治理研究。南山地处湘桂交界，是荒凉的山地森林草地，发展农牧业受到限制。李先生在这里，跋山涉水实地考察了3个多月，每天步行30 ～ 40千米，查看那里的土壤、地质、植被等自然生态环境和草地分布状况。根据调查，李先生决定一方面引进优质牧草，另一方面实行“条带垦植”，即山顶地带保持原貌，而在半山腰处沿等高线开垦水平梯田，并沿梯田周围种树，形成水土保持林带。他还将从澳大利亚和新西兰引进的50多种优质牧草在这里试种，经过筛选，从中找出5种适合于当地生长的品质好、适口性和再生能力都很强的品种，如苜蓿和三叶草等。经过几年努力，南山牧场终于扭转了连续25年的亏损局面：1980年人工草场投产当年保本，1981年盈利5万元，1982年盈利10万元，1983年盈利20万元。

4. 为北京土壤科学的发展作出了奠基性贡献

1946年，他应北京大学农学院之聘，任土壤学教授，并于1947年兼土壤学系系主任。1949年，中华人民共和国成立后，由清华大学农学院、北京大学农学院和华北大学农学院联合组成北京农业大学，李先生就在北京农业大学工作，直到1992年1月11日不幸逝世，先后担任过土壤教研组主任，北京农业大学研究生院副院长等职，始终坚持在教育第一线。

1957年，李连捷先生等发起成立北京土壤学会，并被选为第一届理事长。在北京土壤学会理事长的位置上，他一干就是25年，直到1982年因身体原因离开理事长的位置。25年间，作为理事长，他带领广大会员，为在北京进行土壤科普，参与和指导北京市的土壤调查，进行农业区划，推广土壤肥料技术作了大量工作。

在任北京土壤学会理事长期间，李先生最关心的还是土壤调查。他认为，只有将土壤调查清楚了，才能够因地制宜开发利用土地，也才能够更精确地推广农业生产技术。1958—1960年间的全国第一次土壤普查，也称农业土壤普查，调查工作过分关注养分肥力的调查，李先生为北京土壤调查中关注土壤类型的调查作了很多努力。全国第二次土壤普查时（1979—1984年），李先生任华北技术顾问组组长，组织了对华北地区土壤分类和调查技术的研讨。研讨会在北京通县举行，北京市参加土壤普查的广大会员都参加了研讨会。因此，北京市第二次土壤普查的质量在全国来说是高的，也是最早完成的。

1963年，李先生在北京市科学技术委员会和北京市科学技术协会的领导下，组织该市的科研机构和高等院校师生近百人，对北京山区进行了综合考察。他们到门头沟妙峰山地区进行土壤与环境调查，提出扩大红玫瑰灌木林种植，既可提高农民收入，又能保持水土。针对怀柔山地水源未能在农业上利用，降水随地表流失的情况，他建议引水截流，即在干河床上凿浅井蓄引地表水，使麦田得到充足的灌溉。在水土流失严重的地区，则建议修建水平梯田和禁止在坡度25°以上的坡地上耕种。考察队还对山区的核桃、板栗和草药等适宜种植土壤资源进行了调查，推动了当地农、林、牧、副业的全面发展。

20世纪80年代，李先生不顾年事已高，与北京土壤学会的同仁再次应北京市区县科委之邀进行山区开发调研。到以石灰岩和黄土为主的门头沟区考察后，提出应因地制宜发展核桃产业，到以花岗岩和片麻岩为主的昌平、密云山区考察土壤，提出发展适种的板栗。这些建议为当地利用优质土特产种植提高农民收入发挥了重要作用。

1984年，他又带领助手和学生在北京郊区建立了南口太平庄山区实验点，开展了燕山和太行山山前易旱地带土壤和土地资源的分类、评价、治理及开发的科学研究。虽然那时，他已经年届八十，而且身体欠佳，但他经常亲自到现场考察和检查指导工作，还多次和学生们一块在基点吃住。

综上，李连捷先生是一位土壤地理学家，他从宏观上研究土壤，为国土空间规划和生态修复服务。

二、回忆毛达如教授

曹一平（中国农业大学资源与环境学院）

毛达如教授，北京土壤学会第四至六届理事长。我国著名植物营养与肥料学家、农业教育家，中国农业大学资源与环境学院植物营养系教授、博士生导师，中国农业大学原校长、原农业部教育司司长，第九、十届全国人民代表大会代表，第九届全国人民代表大会常务委员会委员、农业与农村委员会委员。

毛达如教授1934年4月27日出生于江苏省常州市，1952—1956年在北京农业大学土壤农业化学系本科学习，1956—1958年在土壤农业化学专业研究生班学习，毕业后留校工作，1960年加入中国共产党。历任北京农业大学土化系农化教研室副主任、土化系副主任、校长助理、副校长兼研究生院院长、继续教育学院院长、农业部教育司司长、中央农业干部管理学院院长、中国农业大学校长。兼任中国土壤学会第七至九届副理事长，中国植物营养与肥料学会第四、五届副理事长兼教育委员会主任、北京土壤学会理事长等职，先后被聘为国务院学位委员会第三、四届学科评议组成员。

毛达如教授是我国著名的植物营养与肥料学家，在植物营养与施肥技术的研究与应用方面享有盛誉。他于1956年在苏联专家X.K.阿沙洛夫（Acapob）和我国农业化学奠基人彭克明教授指导下，从事玉米营养与施肥研究，是中国第一代作物营养与施肥专业的硕士研究生。其间，先后对察哈尔平原、张北坝上、昌黎滨海、北京西山第三纪红土进行了土壤调查与研究，参加了乌苏里江流域荒地考察。无论是在课堂、实验室，还是在农村，他都勤奋钻研、吃苦耐劳、甘于奉献，树立了为祖国农业科技事业发展建功立业的志向。

20世纪50年代，为了提高东北等垦区农业生产力以解决国内粮油自给压力，国家组织了农业大学的教授到多个垦区考察。毛达如同志随同彭克明教授，先后两次加入开垦东北和青海柴达木盆地的科学考察团，为创建我国农垦事业提供了必需的科学基础资料。例如他们发现东北垦区有大面积白浆土，该类土壤具有严重缺磷的特点，于是首次建议在农业生产中普遍施用过磷酸钙肥料，此举有效地解决了多年来，因为缺磷千粒重低而导致当地粮油作物产量不高的实际问题，促进了粮食增产。

植物营养与肥料学是实践性强的学科。毛达如同志从一踏上教学科研岗位，就动手筹建本学科试验站，1956年北京农业大学东北旺农学试验站建立初期，他曾出任土壤农化分站站长。1981年他又协助彭克明教授采用“3×3+1”设计，在北京农业大学昌平试验站建立了国内第一个可用于定量化研究的肥料长期定位试验，并在土壤有机质累积和降解、磷肥叠加利用率研究方面取得了重要进展。几十年来，该试验为国内外30名博士、硕士研究生提供了科研基地和试验土壤，共发表论文30多篇，为土壤肥力、肥料效应监测和土肥基础科学研究作出了重大贡献。

毛达如教授率先把土壤电超滤（EUF）技术与施肥系统有机结合，在中国华北建立电超滤—连续流动分析—计算机联用的ECC施肥系统。20世纪80年代初在北京农业大学建立了田间肥料长期定位试验，并开展了肥料效应的系统研究，提出土壤有机质分解动力学模型，土壤有机质半衰期$T_{1/2}$等理论，并先后主持、参加中国“六五”“七五”“八五”黄淮海施肥技术的研究，提出三种优化平衡施肥模型和电算机系统，并在河北、内蒙古、北京地区推广应用。

毛达如教授是中国（北京农业大学）与德国（霍恩海姆大学）国际合作方面的主要发起人和主持人，该项目长达30多年，为改革开放后我国高等农业院校中多学科建设、人才培养起到了直接引进和快速帮扶作用。他在项目合作中做出了卓越的贡献。1980年，毛达如教授协助彭克明教授邀请联邦德国霍恩海姆大学植物营养系主任马施纳尔（H.Marschner）教授来华讲学，在北京农业大学举办全国农业化学界参与的植物营养科学讲习班，系统介绍了国际上植物营养科学16个领域的进展情况，为在国内正式建立植物营养专业、建全植物营养学教学及其课程体系以及教材建设奠定了基础。

毛达如教授在担任第九、十届全国人民代表大会代表期间，每天坚持阅读大量的群众来信、接听各地百姓的来电，倾听他们的心声，把他们的困难和问题反映给相应的部门，给他们提供一条反映问题和解决问题的有效途径。为了了解《农业技术推广法》《森林法》等法律法规的贯彻实施情况，毛达如教授走遍大江南北，做了大量调查研究工作。在全国人民代表大会上，先后提出多项议案，包括建议制定“农民权益保护法”“农民职业教育法”“生物技术管理法”，建议修改《农业技术推广法》《关于将测土配方施肥列入“十一五”规划的建议》《关于对农民增施有机肥料进行补贴的建议》，并参与制定了《肥料管理条例》，为我国农业发展作出了巨大的贡献。

毛达如教授先后获国家、部、省级科技进步奖8项，“外国专家工作”成果奖1项。发表有关施肥类论文40余篇，有关教育管理类论文15篇，科普类论文3篇，参与论文79篇；著有《近代施肥原理与技术》《植物营养研究方法》等7部著作。共培养博士后，博士和硕士研究生41名。

三、学会要为科技进步与经济发展服务

黄鸿翔（中国农业科学院农业资源与农业区划研究所）

1996—2005年，我担任了北京土壤学会第七、八届学会的理事长。在前任理事长和学会工作的基础上，在挂靠单位支持下，在全体理事和会员共同努力下，北京土壤学会在推动土壤肥料科技工作和为北京农业生产服务等方面积极工作。

学会作为群众团体，既无专职人员，也无固定经费，但却有着神圣的工作职责，就是团结本学科的科技工作者，为我国的科技进步与经济发展服务。北京土壤学会有着悠久的历史和众多的会员，是我国学术水平最高的土壤学会之一，理应在这方面做出较大的贡献。但是在我任职理事长期间，正值全国第二次土壤普查基本结束，全国性重大土壤科技项目没有新的立项，土壤科技工作处于低潮，这一方面给学会工作带来了较大的困难，另一方面也给学会工作提出了新的要求，就是要努力发挥优势，创造更多业绩，以赢得应有的重视，争取早日走出低谷，迎来土壤科技工作的新高潮。

在广大会员的努力下，挂靠单位北京市农林科学院植物营养与资源研究所与各会员单位的支持下，北京土壤学会在推动土壤肥料科技工作和为农业生产服务这两方面都尽力做

了许多工作，并为当前土壤科技工作新高潮积淀了良好的科技基础与人才储备。

在推动土肥科技进步上，学会主要致力于两个方面，一是引导科技发展方向。学会利用了跨行业跨单位的优势，定期组织学术研讨，提出当前学科上与生产上的重要土肥科技问题，引导会员在这些方面做出努力，推动土壤学科的健康发展。如在20 世纪末的1999年，学会就组织了关于21世纪农业可持续发展与土壤肥料科技发展战略的研讨会。根据各种学术会议的研讨，在土壤方面提出应该加强土壤培肥机理与培肥技术的研究，而在肥料方面则重点提出如何根据土壤养分的变化来调整施肥技术，以及防控土壤污染，保障农产品质量安全等。以期引起有关管理部门与科技人员的重视，促进这些重要问题的研究。二是加强培养新一代土肥科技工作者。为解决当时土肥科技的人才断档问题，加速人才培养是保持土肥科技稳步发展的必要手段。为此，学会不仅在每一个学术会议上都要求各单位选派青年科技工作者与会，还多次组织学术报告会，请老科学家针对重大科技问题的发展动向与历史经验，为青年科技工作者作学术报告，如请中国农业大学毛达如作了国际土壤学研究动态的报告，全国农业技术推广服务中心邢文英作了国内外施肥动态与技术的报告，我则作了我国土壤学研究的历史回顾与展望的报告，还有刘立新、李保国、张凤荣、李家康、刘宝存、张美庆、张维理等许多专家作了不同专业的学术报告。组织青年土肥科技工作者相互交流的学术会议，如2000年承办了第七届全国青年土壤暨第一届全国青年植物营养科学工作者学术讨论会，2002年和2003年连年举办青年科技工作者论坛。此外，还多次开展中青年优秀论文交流与评选活动，对优秀论文予以奖励。

在为农业生产服务上，一方面沿袭多年的传统做法，组织科技人员到郊区的农业生产第一线，或是为农民进行技术培训、咨询服务，科普展览，或是进行当地生产问题的调查研究。这些活动每年均有许多次，遍及市郊各个区县，深受基层干部群众的欢迎及有关领导部门的赞赏。另一方面，通过各种途径向有关决策部门提出各种农业生产措施或农业政策的建议，以更大范围与更有效地解决农业生产中出现的问题，推动农业生产的可持续发展。首先学会通过学术研讨以总结、归纳、从而提出当前农业生产中急需解决的土壤肥料问题及其对策建议。在此期间，学会连续几年围绕农产品安全问题分别召开了有关土壤污染、无公害农产品标准化生产与施肥技术、养殖业污染与有机肥生产等学术研讨会，向有关领导部门提出对策建议。如根据北京市郊区耕地土壤磷含量增长很快，提出了维持性施磷的施肥技术，上报北京市农村工作委员会后受到了好评，得到了推广。在与领导部门的沟通上，除了传统的通过北京科学技术协会与北京市农村工作委员会的渠道上报材料以外，还积极开拓新的渠道，以更便利、更有效地反映我们的建议。首先我作为当时的北京市科学技术协会委员，在代表大会上通过与领导座谈，共同推动了建立北京市的季谈会制度，即每季度一次由协会就某个问题组织部分科学家与北京市政府主要领导进行座谈，做情况介绍与政策建议。另外在1993年中国人民政治协商会议第八届全国委员会第一次会议时，北京市科学技术协会开始作为一个界别进入政协，我荣幸地被推选为北京市政协委员，1998年我连任第九届市政协委员，2003年转入全国政协，又担任了10年全国政协委员，这为学会向政府提出政策建议又多了一个很好的渠道。在担任政协委员期间，我每年都会提出几项提案，其中就有一些有关农业可持续发展方面的建议，这些建议的内容有许多就是学会通过研讨会得来的。如2001年在中国人民政治协商会议北京市第九届委员会第四次会议上，我根据学会研讨得到的观点与数据，提出了“重视肥料对环境的污染，采取切实措施降低化肥用量的建议”，另外还多次在各种材料中提出有关保护耕地资源方面的建议。通过学会的多次学术研讨，还启发了我对我国农业发展战略的思考，我认为对于我国这样一个人多地少的国家，耕地是维持农业发展的基础，在耕地数量不足的条件下，必须保有耕地的高质量才能维持足够的粮食生产能力，保障国家的粮食安全。没有高质量的耕地，良种也不能发挥其增产潜力，仅仅依靠培育良种不可能维持我国农业的可持续发展。目前我国耕地数量不多，质量不高，我们就只能连年种植高产作物与依靠过量施肥来取得高产，以保障供应，同时藏粮于仓，以丰补歉，如果能够不断提高耕地质量，提高耕地的粮食生产能力，就有可能逐步过渡到藏粮于地，有计划生产，实现良性循环。于是我通过全国政协的大会发言、提案以及与温家宝座谈，反复强调加强耕地质量建设的意义，提出培育耕地质量的措施建议，还通过媒体大量宣传这个观点，如人民日报就曾以一个专版宣传耕地质量建设的重要意义。通过努力，终于得到了中央的重视，在一号文件中明确写上了要大力加强耕地质量建设，同时作为国家重大工程项目，启动了高标准农田的建设。重大工程项目的开展也带动了有关科研项目的启动，土壤科技工作终于开始走出了低谷，进入了大力发展的新阶段。

北京土壤学会经历了起起伏伏的发展历程，终于迎来今日的盛世欢歌。作为一个老土壤科技工作者，衷心祝愿北京土壤学会不断发展壮大，为土壤科技进步与农业生产发展作出更大的贡献。

四、从学科发展的小舞台到为社会服务的大平台

李保国（中国农业大学资源与环境学院）

2005—2012年，我担任了北京土壤学会第九、十届学会的理事长。在前任理事长和学会所取得的优异成绩的基础上，在挂靠单位支持下，在全体理事和会员共同努力下，8年间，紧跟时代步伐，在学会改型、社会服务、培养人才和国际化等方面开展了大量工作，取得了一系列成绩，包括：2009—2012年中国土壤学会和北京市科学技术协会“先进集体”，北京市科学技术协会“科技下乡先进集体”；2012年中国土壤学会第十二届会员代表大会，北京土壤学会获奖最多，约占全国奖项的1/5；精神文明标兵；科技下乡有突出贡献的专家奖；北京市科学技术协会财务统计工作的先进集体等。上述成绩的取得，书写了学会历史的新篇章。

1.顺应社会发展需要，主动调整学会工作重心

北京土壤学会是由北京市内土壤科技工作者和相关单位自愿组成并依法登记成立的地方性、学术性、非营利性的社会组织，工作重心是服务土壤科技工作者、促进专业交流和促进土壤肥料科学技术的普及和推广。随着社会的发展，特别是北京社会、经济的跨越式发展，提高农业科技含量、北京市农业发展方向、资源条件可持续性、环境承载可持续性等社会现实问题，需要土壤学科技工作者做出回答。在此形势下，学会主动调整学会工作重心，在维持基本业务工作范围的基础上，强调服务奥运、服务“三农”、服务社会等国家重大科技方面的工作，使学会工作紧扣时代脉搏，时刻与国家发展需求保持一致，充分体

现了学会的社会价值。

2.开拓多种工作模式，积极开展社会服务

8年间，开展科普宣传、科技下乡、科技咨询、举办培训班共50多次，为提高北京市农业科技水平作出了重要贡献。其中重要的成绩包括，在北京市“学术月”“科技周”活动中，被评为北京市精神文明单位（学会）、中国土壤学会和北京市科学技术协会先进集体。其中重要的工作包括：2005年举办中美两国关于有机废弃物再利用双边应用学术交流会，举办平谷桃树、丰台樱桃树和怀柔板栗培训班，2006年在昌平、丰台区进行“土壤消毒技术交流会及硼肥使用技术研讨会，2008年组织专家在平谷大华山村、顺义北果营村、大兴留民营村和丰台大山谷村开展活动，2009年举办草莓连作障碍防治技术示范现场会、蔬菜种植大户和农户代表培训会、农产品质量安全科普宣传活动、蔬菜水肥一体化示范田专家现场技术咨询会、肥料登记管理工作培训班会、有机农业示范区沼液滴灌技术示范会、农业废弃物再利用现场会，2010年组织土肥专家进行低碳节能防污染调研、科学施用有机肥技术培训，2011年在丰台长辛店镇李家峪村的草莓基地举办草莓施肥技术讲座，2012年到房山周口店镇考察“7·21”特大暴雨受灾和土壤破坏情况。这些工作紧扣北京市农业特色、热点生态环境问题和社会问题，突显了学会工作与北京市农业发展、资源环境和社会现实问题的密切联系，体现出学会的社会价值。

3.活跃学术气氛，积极开展青年人才培养工作

学会对青年科技人才的培养工作非常重视，通过组织参加国内外学术交流会、国外进修、青年科学家论坛会、青年科学家优秀论文友谊赛、青年科学家及博士论谈会等，帮助他们迅速提高业务水平。比较重要的工作包括：2005年和2006年举办的青年科学家优秀论文友谊赛，2007年和2008年举办的青年科学家及博士论谈会，2009年6月举办的青年学术论文演讲赛，2010年8月举办的青年学术演讲赛，2011年9月召开的青年学术论坛会，2012年10月举办的青年土肥学术论坛及演讲赛。这些丰富多彩的活动，既促进了学会青年科技工作者之间的学术交流，活跃了工作气氛，使后辈感受到老一辈科技工作者的支持和鼓励，又促使青年科技工作者扬鞭自奋蹄，自觉努力工作。

4.开拓国际视野，积极开展专业国际化工作

学术工作国际化既是提高北京土壤会学术水平的重要途径，又是宣传学会科技成果的重要舞台。8年来，北京土壤学会积极开展各项专业国际化工作，包括：2005年协助召开第十五届国际植物营养大会，400多位外国专家参加会议，9名国际知名专家做学术报告；2006年举办中国有机农业科学发展对策国际学术研讨会，美国、法国、印度、瑞典、韩国等国家的有机农业专家做学术报告；2007年召开防止食用水源头污染国际学术研讨会，美国、法国、英国、日本、瑞典、印度等国家的7位专家作报告；2008年9月，在承办中国土壤学会第十一次全国会员代表大会的同时，首次在全国土壤学会代表大会上设立了国际土壤和钾肥研讨会专场，邀请美国、俄罗斯、英国、日本、加拿大等国的专家作了土壤科学与生态安全及环境健康、3S技术在土地开发的启用、钾肥在农业发展的作用等报告。2009年召开农业面源污染与防控技术国际学术研讨会，特邀美国、德国、法国、瑞典等国家的专家作报告；2010年召开农业面源污染防治与粮食安全的国际学术研讨会，来自美国、新西兰、丹麦、德

国的专家参加会议。在邀请国际专家参加相关学术活动的同时，北京土壤学会许多专家积极走出去，到国际社会的学术交流平台参加各种活动。我在2011年被授予美国土壤学会会士，2014年被授予美国农学会会士，从一个方面说明了北京土壤学会的学术水平国际化的成效。

在北京土壤学会给大家服务的8年，使我成长收获了很多，很高兴看到近年来北京土壤学会的工作蒸蒸日上，在新的时代下不断取得了更优异的成绩。

最后，我还要再一次感谢学会的挂靠单位北京市农林科学院植物营养与资源研究所及刘宝存所长兼常务副理事长等领导对学会工作的大力支持，感谢学会办公室徐建铭秘书长在日常学会管理中热情、负责、细心的工作，这些是学会前进的基本保障。

五、北京土壤学会是省级学会的一面旗帜

徐明岗（中国热带农业科学院南亚热带作物研究所）

北京土壤学会是首都土壤肥料、农业环境等相关科技工作者开展学术交流、合作发展、人才培养及社会服务的开放性平台。在中国土壤学会、北京市科学技术协会的大力帮助和支持下，在全体理事和会员共同努力下，2013—2019年做了大量工作并取得了突出成绩，成为全国省级学会的一面旗帜。

1.开展国内外学术交流，会议次数多，学术报告水平高

围绕北京土壤肥料与环境保护发展的现状与需求，特别是北京生态环境建设的热点问题，7年来，北京土壤学会组织国内外学术交流、研讨、论坛等45次，其中国际会议6次；每年组织召开相关学术研讨会6 ～ 8次，会议次数多，学术报告水平高。

（1）在耕地质量提升与土壤改良方面，组织提升耕地质量关键技术、盐碱土改良、轮作休耕技术等学术研讨会7次。

研讨会就我国耕地肥力状况、土壤培肥技术、耕地质量保护及提升措施、土壤盐渍化及农业面源和重金属污染修复技术、农业废弃物循环再利用、土壤有机质维持及化肥替代技术、绿肥实用化技术等作了精彩的报告并进行了深入探讨与交流。

（2）在新型肥料研发与高效施肥技术方面，组织召开植物营养与高效施肥、蔬菜生产与生态施肥、磷肥高效施用、水肥一体化、滴灌施肥、控释肥、生物肥料等学术研讨会13次。

研讨内容包括：生物肥料和液体肥料研究发展现状、国内外研究动态、肥料推广应用技术、肥料中大量、中量和微量元素分析方法以及生物肥液体肥的标准和存在问题等，还组织了3次国际研讨会。

2015年由国际园艺科学学会和北京市农林科学院联合主办，北京市农林科学院植物营养与资源研究所和北京土壤学会承办的“第五届露地蔬菜生产生态施肥策略国际研讨会”在北京蟹岛绿色生态农庄隆重召开。来自西班牙、荷兰、比利时、意大利、日本等14个国家，以及我国科研单位、大专院校、产业大户200名代表参加了会议。大会以主题报告形式对植物营养与养分供应、土壤测定与测土施肥、土壤肥力与环境健康、根区调控与水肥一体化、有机废弃物循环利用及可持续性发展等露地蔬菜施肥领域的7个主要方向的相关问题进行深入研讨与广泛交流。

2017年参与组织召开了“现代土壤磷肥施用与管理国际学术研讨会”，来自美国、英国、加拿大、德国、比利时等国家的专家学者及学会40名理事会员参加了此次研讨会，15位国内外知名学者作了学术报告。内容包括：现代化的土壤磷素肥力和管理、石灰性土壤磷素的有效性及其转化、中国磷肥的应用现状与思考、土壤中磷的生物转化、土壤有效磷变化与磷肥管理等。

2019年组织召开了“中国北方少雨区精准灌溉施肥国际学术研讨会”，来自西班牙、美国、意大利、荷兰等国家的专家学者及北京土壤学会60名理事会员参加了这次研讨会。会议主要内容包括：应对水资源短缺和土壤污染挑战的水肥优化管理技术、蔬菜生产技术与投入品应用研讨。会议将有力促进水、肥、土资源高效精准利用和相关国际合作进一步深入发展。

（3）在首都生态环境保护方面，组织召开土壤重金属、有机污染修复技术、面源污染控制技术、农业废弃物资源化利用等学术研讨会25次。

研讨的内容包括：土壤环境质量分析与评价；农田土壤污染修复技术；设施蔬菜土壤的环境问题。我国农业面源、土壤重金属污染现状及趋势、土壤重金属污染等级划分及评价方法、重金属污染土壤科学利用及修复技术、土壤重金属污染防控技术、农产品产地中技术安全评估技术、农业生态系统氮磷的面源污染等。

还邀请了南加利福尼亚大学陈泽武博士，美国XOS公司技术部汤姆（Tom）经理和宋硙工程师分别作了“国内外农田土壤快速监测的新技术及新进展”“中美快速监测技术研发新进展”“监测技术成果分享”的学术报告。2013年10月29日，组织召开了农业有机废弃物无害化处理与利用国际学术研讨会，德国、巴西、奥地利等外国专家及北京土壤学会专家学者80人参加了研讨会，9名国内外专家就城市有机废弃物现状与堆肥等利用技术作了学术报告。

2.科技下乡，为“三农”服务，内容丰富效果好

北京土壤学会非常重视科技服务“三农”，7年来组织科技下乡、科普宣传等活动65次，咨询服务专家3 000多人次，技术服务农民约10万人次。每年举办服务首都高产优质高效生产和环境保护现场咨询会、培训会等10次左右，解决农户生产的土壤培肥、肥料施用、生态环境建设等方面的实际问题，为农村培养技术能手，实行科学种田，农产品提质增效、农民收入增加、农村生态环境改善，效果好，受到地方政府和广大农民的高度认可。

（1）开展科技咨询与技术指导，提高科学种田水平。学会组织专家深入北京各区县生产一线、田间地头开展科技咨询，针对性地进行技术指导，解决农民生产中的实际问题。

根据北京市科学技术协会农民致富科技服务套餐配送工程项目要求，开展了丰富多彩的科技下乡活动。

（2）开展科普培训，促进新技术推广应用。学会组织了丰富多彩的科普培训，极大地促进了新技术的推广应用。赠送了《土壤保护300问》等科普书籍和宣传资料。

（3）举办现场会，增强技术认可与实用性。学会7年来组织土肥与栽培各种新技术现场会15次，结合现场技术示范考察，为农民讲解了测土配方施肥、蔬菜病虫害防治及肥料品质辨别等方面的新技术应用效果和技术，发放了育苗基质块、新型缓控释肥料等科技新产

品和技术宣传材料；还就如何实现设施蔬菜科学休耕、有机栽培标准化、建设美丽田园的方法进行了系统地讲解和指导。

（4）承担科技服务项目，发挥首都专家资源优势，为政府决策提供支持。针对首都农业资源高效利用与生态环境保护的热点问题，学会积极组织和参与相关科技服务项目6项，为政府决策提供技术支持。主要科技服务项目如下：

2017年，学会承担了平谷区科学技术协会和北京市科学技术协会委托的“平谷区土壤质量保育与提升对策研究”项目。针对平谷区土壤环境质量、土壤肥力、地下水质量、农业废弃物等农业资源与环境现状，组织中国农业大学、中国农业科学院、北京市农林科学院、北京市土肥工作站、平谷区农科所等学会理事单位的专家，通过大量调查研究和历史资料的系统分析，形成了“平谷区耕地质量保育与提升对策”报告，从技术层面为平谷区政府相关政策的制定提供了依据。

2018年，学会承担了北京市农村工作委员会的“农业废弃物资源化利用对策”调研项目，先后4次组织专家到北京丰泰民安生物科技有限公司、北京美施美生物科技有限公司、北京奥克尼克生物科技有限公司、平谷区生态桥废弃物处理厂进行了调研。了解各区县目前农业废弃物收集、处理方式及存在的问题，解决处理难题，提高处理效率，为北京市农业废弃物处理处置提供思路以及典型模式，为农业废弃物综合利用区域布局提供依据。

2018，学会承担了北京科技社团服务中心的“平谷大桃提质增效肥水调控技术应用与推广”项目。2018年4月17日项目在平谷正式启动，进行了现场考察和调研，项目由学会刘宝存研究员主持，开展土壤动态监测、土壤调理改良与肥水调控、病虫防治、桃树规范化栽培与管理等方面的系统研究，集成打包一批先进实用技术，在北京金果丰果品产销专业合作社示范地内进行集中示范。利用3年时间，对示范区不同品种类型的3个地块（40亩）进行基础检测、品种更新、土肥管理、病虫草综合防控等方面的优化调理，并辐射峪口镇500亩，解决当地大桃产业发展中急需解决的科技问题。

此外，学会还参与和完成了农业农村部委托的肥料、土壤调理剂施用风险评价与管理建议、农业农村部科技发展中心委托的农业面源和重金属监测方法与评价指标体系导则等政府决策服务。

3.坚持培养青年人才，提升学会感染力

学会对青年人才培养工作十分重视，坚持每年组织青年学术论坛、论文赛、演讲赛等7次；组织青年专家参与相关专著撰写，推荐优秀青年人才参评中国科学技术协会、中国土壤学会优秀青年学者奖等；培养了年轻人才，提升了学会的感染力和吸引力。

2013年，学会组织了“青年优秀论文演讲赛”；2014年，举办了“青年博士学术论文演讲赛”；2015年，组织召开了青年论文演讲赛和青年科技论文比赛；2016年，组织召开了青年学术论文演讲赛，各位选手通过热情洋溢的演讲，深入浅出地介绍了对本学科发展方向的看法及趋势判断，并结合研究实际介绍了各自的最新研究成果。2017年，组织召开了主题为“我是一名土肥人”的青年学术论文演讲赛，2018年，举办了以“农业绿色发展”为主题的青年学术演讲赛。2019年，组织召开了以“礼赞伟大祖国、畅想科技时代”为主题的青年学术演讲赛。

学会推荐优秀青年参加北京市科学技术协会组织的论文赛以及中国土壤学会评选优秀青年学者奖等，均取得了良好的成绩。以后者为例，2008—2018年期间，中国土壤学会优秀青年学者奖评选了6届，共授奖57人；北京土壤学会年轻会员获此荣誉的有13人，约占中国土壤学会优秀青年奖的1/5（22.8%），位居全国省级学会获奖人数之首。

2014年，学会组织青年专家参加编写了《有机废弃物无害化处理技术》一书，其主要内容是介绍有机垃圾无害化处理的先进技术；为了迎接世界土壤年，学会于2015年，组织青年专家编写了《健康土壤200问》一书，该书介绍了土壤的基础知识和主要功能，包括土壤的生产功能、生态功能、环境功能和景观文化传承功能，以及与土壤相关的法律规范、国际土壤年知识等内容，全书采用问答的形式来编写，图文并茂，通俗易懂。2017年，组织青年专家参加编写《土壤保护300问》，宣传普及土壤保护相关知识；2018年，组织青年专家协助编写《北京土壤》专著，深入学习和了解北京土壤的类型、分布、性质、利用现状、存在问题和高效利用技术。

4.获得各种奖励，彰显学会影响力

北京土壤学会积极高效的参与中国土壤学会的各项工作，得到中国土壤学会的高度评价，2013—2019年，每年都被评为中国土壤学会先进集体。学会还多次获得北京市科学技术协会的各项奖励，如2013—2014年度北京市科学技术协会系统优秀调研成果二等奖，北京青年优秀科技论文一等奖1项、二等奖1项、三等奖2项，优秀组织奖；我国蔬菜废弃物处理现状及其技术需求的建议，获2016年度北京市科学技术协会系统科技工作者建议三等奖。学会还多次获得北京市科学技术协会科技下乡工作先进集体、有突出贡献的专家奖，每年都获得北京市科学技术协会财务统计工作先进集体。

学会积极组织和推荐申报中国土壤学会科技奖、全国学会优秀党员科技工作者、中国青年科技奖等，均取得优异成绩。以前者为例，2006—2019年期间，中国土壤学会科技奖14年共授奖46项（一等奖17项，二等奖29项）；北京土壤学会推荐项目获奖11项，其中一等奖3项，二等奖8项，占中国土壤学会科技奖的近1/4（23.9%），位居全国省级学会推荐奖项目数之首。特别是2013—2019年期间，北京土壤学会推荐项目获奖8项，占同期中国土壤学会科技奖的28.6%，处于领先地位；彰显了北京土壤学会的影响力。

5.北京土壤学会工作成效的体会与建议

北京土壤学会之所以能够取得以上成效，名列全国省级学会之首，主要原因有以下两个方面：一是有求真务实、认真细致工作的秘书。从2015年以来，北京土壤学会设立了专门的办公室，有2个人专职负责学会的各项工作。学会每年开展的大量学术研讨会、科技下乡活动、各种奖励与优秀人才推荐以及学会的各种日常管理工作，都是他们在精心细致的安排和组织实施，做到了学会活动事事有人抓，件件有着落。学会挂靠单位——北京市农林科学院植物营养与资源研究所给予了大力支持，学会秘书长刘宝存研究员专职负责学会工作，做了大量深入细致的工作，是学会各项工作顺利进行、成绩辉煌的坚强保障。

二是北京土壤学会有丰富的会员群体。北京土壤学会是首都土壤学会，服务和立足于首都各个土壤肥料、农业资源环境相关的大专院校和研究院所，会员知识水平高，社会资源丰富，参与学会活动的意识强。因此，各种活动的参与度高，成效大。首都农业是现代

化的优质高效农业、生态与环保农业，各个区县农业发展具有特色，在土壤培肥、肥料高效施用、生态环境建设等方面具有不同的技术需求，为北京土壤学会院校高层次人才的科技服务、科技兴农、技术人员培训等提供了广阔的空间。因此，北京土壤学会不仅各种学术活动、科技咨询开展的非常有水平，而且科技下乡活动问题明确，针对性强，实施效果好！

成绩属于过去，实干属于未来！北京土壤学会也存在着个别会员参加各种活动积极性不高，需要根据首都生态农业的发展和学会的职能转变，加强生态环境与农业生产协调发展相关技术的推广应用、扩展学会的成果评价等事项。因此，对今后北京土壤学会良性发展的主要建议如下：

（1）继续坚持针对北京资源环境高效利用、农业可持续发展的土壤学会各种学术活动，加强与国外专家交流的国际学术活动。坚持青年人才培养的青年学术报告会、青年论坛、演讲赛等要丰富形式，提升吸引力，让更多年轻人积极参加！

（2）积极参与政府关心的热点问题的调研和咨询，提升学会的社会地位、作用和影响力。适度开展成果评价与技术推广工作。

（3）加强与兄弟学会的合作，例如与植保学会协作，开展作物健康种植、减肥减药等跨学科的生产实际问题。与作物学会协作，从作物品种、土壤环境、农业投入品等一套技术体系，协调解决首都生态环境建设和农业高效优质可持续发展的核心技术问题。

六、北京土壤学会的点滴回顾

胡莉娜（北京太阳能研究所）

我是北京土壤学会第二届理事会的秘书，是秘书长徐督院长的助手。2019年庆祝中华人民共和国成立70周年前夕，现任理事会秘书长刘宝存同志邀我等人召开了一个座谈会，回忆北京土壤学会的历史，我感到非常欣喜、感激，完全出乎意料，那是60多年前的事了，我今年都88岁了，记忆力下降，腿脚不灵活，很少外出交往，特别是1972年以后，我就没再搞土壤肥料工作，也没再参与北京土壤学会的活动，调出北京市农林科学院后，与老同志们也就没有工作上的联系交流。时至今日，现任土壤学会的领导们，还能想起我，寻找到我的住处来接我，回忆那些过去的事情，实在难能可贵，也说明他们是有情有义之人。

会议室我们每人的座位上放有一份资料，一看让我吓了一跳，原来第一次会员代表大会选出第一届理事会是1957年7月，更让我惊讶的是，在理事会名单上除有选出的理事长外没有其他记录，且从1958年到1978年全是空白，没有只字片语，我看后皱起了眉头，陷入沉思。

现任学会秘书长刘宝存同志说，土壤学会从1957年成立到1978年，除了有第一、第二届理事会正副理事长名单外，几乎找不到任何档案资料，只好请大家来回忆填补。据了解，第一、第二届理事几乎都已作古，还比较了解当时工作情况的没几个人，他把希望寄托在我身上，希望我尽量回忆写下这段历史。对刘宝存同志委托的重任，我感到责无旁贷，应该努力完成，但又觉得非常为难，主要是年事已高，记忆力下降难以系统化。回家以后我翻遍书柜，竟然找不到当年的工作笔记本、相片之类的资料，唯一找到的一张照片是毛主席1958年到天安门午门广场参加北京市农业展览会时参观沼气展台时的照片。那是我调入北京市农口工作后介入土肥工作的开始，那时利用沼气被认为是有机肥的综合利用，很新鲜，所以我就千方百计要在农展会上展示这个观点。那时来不及建沼气池，也不能在天安门内建沼气池，我就去市出租汽车公司借了几个橡胶袋，撑船在团结湖公厕下收集到沼气，同时请美工绘了几块展板，又从北京农业大学借来一个本生灯当沼气灯，在农展会上摆了一个展位。当时展位吸引了许多人来参观，毛主席经过沼气展位时，兴致勃勃地观看，还说："沼气好"。这张照片我记不得是谁拍摄、谁送给我的了，除了这张珍贵的照片，我找不到任何有关土肥工作的资料。

我没保存当年土肥工作资料的原因：一是我原本是学农药的，搞土肥都是领导临时点将。1952年，我趁中国科学院土肥队南迁南京之际，请领导接收了刘子潘等3名土壤专业骨干进入北京农业科学院，又从全国1962年土壤专业毕业生中争取到多人分配到北京市农业科学院。本想解决了土壤专业人才缺乏问题后，可要求领导放我归队，因此于1962年我把土壤学会有关土壤方面的资料都给了刘子潘，建议领导派刘子潘任土壤学会秘书，我只负责肥料方面的工作，因为当时化肥方面的工作也是接踵而来；另一个原因是当时的特殊历史时期，北京农业大学要迁往陕北，我家住北京农业大学，之后我被下放到平谷，无处储存书籍资料。

现在我写的回忆是存留在脑海深处的印记，因找不到文字记载印证，阴差阳错的事难免，供参考罢了。

1.北京土壤学会的体制方向及人员组成

1958年我接受第一届理事会秘书工作时，李连捷先生是理事长。北京土壤学会早在1957年就率先组建转型的学术团体，这是很不容易的。当时，以李连捷先生等为首的一批土壤科学家从我国经济建设实践中深感土壤普查的必要性，李连捷先生在新中国成立前后就走遍了西藏高原、新疆沙漠，有着丰富的土壤调查经历，成立土壤学会的初衷就是要为经济建设服务。为跟上1958年的新形势，又在第一届理事会的基础上调整充实提高，产生了第二届理事会。

2.第二届理事会体制上的变化

原土壤学会第一届理事会是与中国土壤学会合为一体主要面向全国，为加强学会为当地当前的经济建设服务，土壤知识更能理论联系实际，名称改为北京土壤学会。北京土壤学会行政上由北京市科学技术协会领导，业务上由北京市农业局领导，归属北京市农业科学院主管。

为解决首都的水源和副食品生产基地问题，中央前后将河北省9个县：通县、顺义、怀柔、密云、平谷、房山、大兴、良乡、延庆划归北京市，扩大了北京郊区的面积。1958年春，北京市农业科学院成立，由时任北京市委农村工作部的干部徐督同志担任院长。徐督院长深知土壤肥料在农业生产中的重要性，自愿担任北京土壤学会秘书长，以体现对土壤学会工作的重视。北京市农业科学院在组建机构时，在没有一名土壤专业干部的情况下，徐督院长要求我改行，并调派了几名干部和工人，组建了土肥室，我当负责人，由他直接分管，至此，我就成了土壤学会秘书为他"跑腿"。因为他工作很忙，土壤学会具体工作基本上由我负责，北京市农业科学院土肥室就自然成为北京土壤学会的挂靠单位。

第一届理事会主要是由土壤地理专家组成。第二届理事会增加了名额，扩大了专业范围，增补了肥料学、土壤改良、水土保持等方面的专家。工作范围的扩大，进一步调动了更多土壤肥料科技人员的积极性。

开放了学会的大门，降低了入会的门槛，会员入会没有严格条件，不收会费，土壤学会真正成为广大土壤肥料科技人员的家，广泛交流协作的平台，促进了土壤肥料学科的发展和青年科技人员的成长。

学会理事、秘书长、秘书和专业组骨干以及会员为学会所做工作以及承担的任务都是无偿贡献，从未发工资补贴，也未评过奖项，仅对先进有口头表扬，没有实物奖励。

1963年以后全国实行国民经济建设“八字方针”，即调整、充实、巩固、提高，土壤学会工作从“大兵团作战”方式向专业组研究交流方式转变，北京市农业科学院也调整为北京市农业科学研究所，徐督院长调回市委农村工作部工作，秘书长职务实际空缺，但是因为前几年打下的基础，学会工作照常进行。由于1962年抓住机会调入了多名土肥科技干部，因此在以后分专业组活动中他们承担了骨干作用。

3.特别怀念的两个特殊会员

一是北京市科学技术委员会农医处的肖新民同志。他是北京市科学技术委员会派往土壤学会的联络员（当时北京市科学技术委员会和北京市科学技术协会干部兼职），为土壤学会上传下达，协助秘书长、秘书做了很多工作。肖新民工作很有魄力，敢于担当，又很刻苦耐心，深入第一线，没有任何官架子，土壤学会许多公关工作都由他完成，是很好的科学联络官，我们一起工作很协调，所以我叫他特殊会员。

二是市农业生产资料公司的科技干部刘林同志。他主管化肥的推广使用，在他的热情工作和协调下，由商业部门负责承担新化肥品种，如氨水、碳酸氢铵、磷矿粉的运输储存，同时利用商业部门有网点、资金优势，与科研单位友好协作，使得这几个化肥的推广施用难题得以比较及时地解决，从而为农业增产发挥了积极作用。

4.1958年至1966年北京土壤学会主要业绩

（1）第一次北京郊区群众性土壤普查。

①背景。1958年8月，党中央在广东省肇庆地区召开了全国土壤普查工作现场会，这次会规格颇高，参加的多是各级党政主管农业的领导和科研院校有关领导同志和技术骨干。北京市因当时有关领导同志很忙，派我一人参加了这次会议，回来后我把会议情况向徐督院长作了汇报。徐院长向上级报告后对我说，市委指定由他负责领导主持这项工作，我具体负责组织实施这项工作。我当时思想负担很重，觉得难以完成，一是我不是学土壤的，二是土壤室基本没有土肥专业干部，难以承担工作量那么大，理论性、科学性那么强，时间如此紧迫的任务。后来我听说市委第二书记刘仁同志在朝阳区王四营公社观音堂大队蹲点，我就跑去求见刘仁同志，刘仁同志在深翻土地现场接见了我，他鼓励我，并表示他会大力支持，这样我就义无反顾地承担了土壤普查的繁重任务。

②各级党政领导支持。在市委第二书记刘仁同志首肯下，徐督院长很投入，积极担负起土壤普查的领导工作，上传下达，争取上上下下有关部门的支持，北京市科学技术委员会把土壤普查列入全市重点科研项目，给予科研经费和物资大力支持；北京市科学技术协会责成土壤学会组织全部土肥科技力量全力投入土壤普查工作，并派出联络员负责督促实

施。市农林局虽然没有派人参加市土壤普查领导工作，但负责督促郊区县农林部门领导认真负责支持各级土壤普查任务。

③利用首都地位和科技优势。为了得到更多的支持，徐督院长亲自出马，带领我多次拜访李连捷理事长、中国科学院土壤队熊毅队长和席承藩技术顾问等专家，得到了他们大力支持，答应派出骨干和科技人员、学生等全力投入北京市的土壤普查，中国科学院土壤队答应总揽技术指导责任。除北京农业大学、中国科学院土壤队是主要参加单位外，还邀请了北京师范大学地理系、北京师范学院地理系、北京农业学校等有关院校学系派科技骨干和学生参加，总人数达到近300人，分成10个队。朝阳、海淀、丰台三个区合在一队，石景山耕地少，不参加普查。中国科学院土壤队的人员相对分散到各区县，其他院校因有教学任务，按单位相对集中。

④明确目标，统一方法。根据全国土壤普查文件精神，结合北京实际情况，经上级批准拟定了本次土壤普查的目标、具体要求，以及统一的部署方法步骤。经过详细实在的土壤踏查，最后形成四级（大队、公社、县、市）的三图一报告（土壤类型分布图、土壤合理利用图、土壤肥力等级分布图或土壤改良措施图）和四级土壤普查报告。

⑤组织上三结合。普查队伍的组建事关普查工作的成败。规定各组土壤普查队伍必须由三方人员组成，同时要求：一要有主管农业生产的领导干部负责领导普查工作全过程，开始时提出要求，结束时做好验收，结束后负责上报和应用；二要必须派当地最有经验的老农参加，老农代表当地农民群众的要求和经验，他们在自己的土地上劳作几十年，传承着几千年农耕文明史，老农实际是这次土壤普查的主力军；三要有当地文化较高的知识农民参加，他们一方面当土壤普查专业人员的助手，另一方面便于通过他们向农民普及科学技术，为普查成果在当地生根提供智力支撑。

⑥层层试点。通过试点培训骨干、统一方法步骤，以便因地制宜地把工作做得更好。全市的试点于1958年冬春在门头沟城子公社军庄大队进行，根据理事会专家意见，这个大队地处山前丘陵、平原交替处，有山地、有沟谷、有平原，又是城乡接合部，农工商业交织能代表北京郊区的土地及经济特征。参加第一次全市试点的有20多人，包括准备派往各县普查的骨干。试点人员在认真贯彻执行全国土壤普查通知要求的基础上，结合北京市的实际情况，经过认真讨论，制定了北京市土壤普查实施方案。这方案也成了近300人的土壤普查队伍行动的基本依据和指南。

1959年春夏开始至1960年春全市郊区除朝阳、海淀、丰台三个区外，其余10个区县的大队、公社级的普查三图一报告工作基本完成。1960年补遗补漏并完成县级制图和报告编写工作，1960年冬至1962年春完成市级制图和报告编写工作。实际上有不少大队、公社、区县在完成三图一报告基础上超额完成任务，如完成当地土特产分布图及开发规划等报告，例如门头沟妙峰山玫瑰花、怀柔板栗、密云小枣、山区养蜂等分布图。

⑦土洋结合。在军庄大队试点是“以土为主”，因为时间紧迫来不及准备，试点结束后大家讨论认为“土洋结合”做得不够，研究决定，要增加采集土壤样本密度和土壤剖面土样，尽量在现场速测，现场做不了的要有代表性样品送回单位化验室做定性定量和机械组成分析。现场速测设备交给北京市农业科学院土肥室完成，需送回单位化验室进行的由参

加单位分担。

为尽快研制出急需的土壤植物养分速测设备，北京市农业科学院土肥室在北京农业大学土化系李酉开教授的指导下，提出了一套与速测方法相配套的试剂和器械设备，并请科委下属的科研器材药品供应服务部协助解决，该部胡春林同志把此当作重点科研项目急需设备以特供方式予以提供，土肥室又从市农展会讲解员中挑选了几名有初高中文化素质较好的讲解员，临时加以培训，很快解决了研制土壤植物养分速测设备既烦琐又细致的配置试剂分装包装等问题，前后共做成200多套，满足了每个公社能分到1 ～ 2套，使农村有初高中文化的青年能在农村进行一定的土壤植物养分分析测定，从而为土壤普查和以后的农业生产，及时提供了必要的科学数据，很受农民群众欢迎。

⑧第一次群众性土壤普查的意义。我国第一次以群众为主体完成科学性较强的土壤资源普查，做到村村队队几乎所有大块耕地没有死角，是一次非常大胆的尝试，普查结果利于国家各有关部门制定经济建设规划，减少了盲目性，提高了科学性。1962年春全市土壤普查结束时，北京市计委主任王纯等有关领导来到北京市农业科学院听取汇报，事后北京广播电台做了新闻播出。这对广大农民尤其是青年农民来说，受到了一次有关土肥科学技术知识的科普教育，提高了科学种田的积极性；对科研教学单位来说则是收获了几千年来传承下来的识土、用土经验，非常丰富可贵，是书本上难以学到的，为后来的教学科研工作的发展方向提出了许多新课题，对土肥专业的学生、干部更是一次难得的艰苦操练和全面的锻炼，提高了工作能力。当时正是我国经济最困难的时期，吃饭靠有数的粮票在农村吃派饭，住在农民家，交通主要靠双腿，郊区公社以下不通公共汽车。文化用品就是一支笔，一个笔记本，没有照相机，更无录音机、复印机，那时搞土壤普查有多么艰苦，现在的年轻人无法想象。请记住为了国家富强、农民吃饱饭的初心、使命而在如此艰苦条件下搞科研的那一代人吧。

⑨第一次群众性土壤普查不足之处。主要是土壤普查成果的应用方面不尽人意。在计划经济年代，因各种原因，土壤普查结果没能真正在实际工作中推广应用尤其在基层。另外，因土壤普查使用了地形图，当时这些图幅及报告是被当作不能公开的秘密资料，因此很难与公众见面。还有就是当时绘制图幅靠人工，绘制的数量很少，调查报告靠手刻油印，印刷份数也很有限，限制了对外交流和使用。

（2）化肥工作。

①液体化肥氨水的运输储存、施用技术及推广工作。1960年土壤普查尚在紧锣密鼓进行中，传来北京化工实验场合成氨投产成功的喜讯，这是我国化肥工业第一个大批量生产品种，但是它来得太快，化工部门、农业部门对投产后面临的问题预估不足，造成北京化工实验厂周围大面积树木枯萎，农田作物死苗，而生产一天一天在继续，化工厂储罐很快满了没法储存。没办法，化工部紧急要求北京市组织车辆用储罐把氨水拉到农村去做肥料，于是我被连夜叫到化工厂参加研究如何把氨水施用出去的问题。由于我不是专业出身，就找来北京农业大学土化系农化专家毛达如同志，与市农业生产资料供应公司刘林同志等一起研究，首要解决氨水从化工厂拉出来运输到农村去的问题。确定由生产资料公司负责紧急生产氨水罐车，同时设计氨水储罐，因为数量大，钢材没法解决，只能采用混凝土材料，

首先在平原耕地面积大、有水浇条件的顺义、昌平、通县等地以大队为单位，普建氨水地头储罐，我们科研单位负责研究提出氨水施肥方法和工具问题，当时研究推广的主要是随水浇灌施用氨水技术，同时与农机学会协作，李春军同志研制生产了一批注射式氨水施肥器和利用播种机改装的深开沟严覆土氨水施肥机，为此我和毛达如、刘林同志曾多次到郊区县、公社、大队分别举办氨水施用方法现场会，向农民宣讲示范施用氨水方法。

②碳酸氢铵施用方法研究推广工作。1963年北京化工实验厂的碳酸氢铵投产，解决了氨水运输储存的困难，但是碳酸氢铵的挥发性仍然很强，开始施用时仍在田间出现不同程度的死苗，我们沿用研究推广氨水施肥的办法，动员有关单位协作解决碳酸氢铵施用方法和工具问题。碳酸氢铵推广使用初步解决了郊区土壤普遍缺氮问题。

③磷肥问题。第一次土壤普查明确了郊区土壤严重缺乏有机质和氮素是众所周知的问题，而缺不缺磷，普遍没有认识，土壤普查通过对众多土样测试，证明耕层土壤普遍缺磷严重，有效磷含量多在5毫克/千克以下，是作物产量提高的限制因素，尤其在氮肥施用量增加以后缺磷限制产量提高的影响更明显。20世纪60年代初期我国几乎没有商品磷肥，国家因缺外汇只能从摩洛哥进口一大批低效磷矿粉，国内又缺乏加工磷肥的三酸，只好直接施用磷矿粉，农民普遍反映磷矿粉肥效很差。为此我们组织了磷矿粉如何增效的研究，推广磷矿粉与有机肥混合堆肥，利用有机质腐烂过程产生的有机酸提高磷矿粉肥效。

④针对氮肥施用量盲目增加，氮素利用率降低，增产率递减，农业成本增高问题，组织了小麦、玉米合理施肥的研究，并参加以作物学会为首的北京小麦、玉米大面积丰产方法的调查研究工作。

(3) 盐碱土壤改良研究。1963年开始，鉴于土壤普查查出郊区680万亩耕地中有100多万亩盐碱地，产量很低，亟待改良，为此学会倡导科研单位把盐碱土壤改良列入科研课题开展协作研究。

(4) 绿肥种植和轮作制度研究。在开展改良盐碱土研究的同时，针对郊区耕层土壤有机质含量普遍在1%以下，土壤严重缺乏有机质问题，学会也倡导科研单位把绿肥种植和轮作制度的研究列入课题开展协作攻关。

以上各项工作至1966年初戛然停止。

(5) 后语。

①我上述回忆是否能说明老一辈“土肥人”在1958—1966年没有虚度年华，在我国初步完成社会主义改造，开始走上社会主义建设时期，北京土壤学会以满腔激情，创新图强的精神奋战在北京郊区广阔的土地上，为国民经济建设作出了贡献，这些事实足以填补1958—1966年期间的历史空白了吧。

②那个时代的社会条件能做出上述成绩，其初心意志艰苦是现代人难以想象的，回忆历史，回忆他们，主要就是为了传承前辈人的初心，坚守奋斗精神。

③不能用科学技术进步到今天的尺度来看待过去的历史成果，似乎有些年轻人用现在的卫星技术无人机技术来衡量当年的群众性土壤普查，认为一钱不值这是不对的，不同历史时期有不同的科学技术水平，一代比一代强是自然规律是必然的，应该的。

衷心祝愿新时代的“土肥人”有更惊人的成绩。

七、北京土壤学会五年工作回顾（1978—1983年）

刘立伦（北京农业职业学院）

北京土壤学会成立于1957年，于1967年学会停滞，粉碎“四人帮”后，1978年全国科学大会召开，“科学的春天”到来，当年北京土壤学会得以恢复重生，北京土壤学会恢复后，依然挂靠在北京市农业科学院土壤肥料研究所（现为北京市农林科学院植物营养与资源研究所），当时我任土壤肥料研究所所长，兼职北京土壤学会秘书长，曾历任5年，1983年我调离土壤肥料研究所，不再担任学会秘书长。

回顾我任北京土壤学会秘书长的5年期间，北京土壤学会主要做了以下几项工作。

1.组织发展

学会恢复后，首先抓老会员登记和新会员发展，大约经过半年时间，凡是与北京土壤学会有关的，境内单位或个人几乎都恢复和发展为团体或个人会员，就连北京农资公司主要经营化肥的刘林经理也发展为北京土壤学会理事，同时与京外的中国科学院南京土壤研究所建立了密切关系，他们的一些学术活动都邀请我们学会参加，北京通县的全国土壤普查试点，中国科学院南京土壤研究所派4名科研骨干参加。

2.服务京郊

北京土壤学会是地方学会，学会的主要任务是为京郊农业发展服务，北京土壤学会恢复后，除开展对郊区县的考察技术咨询服务外，重点抓北京通县、全国土壤普查的试点工作，为做好北京通县土壤普查试点，成立了通县土壤普查试点领导小组，农业部农业局章士焱处长任领导小组组长，北京市农业局的袁尚志处长和我任副组长，下设专家指导组、野外调查组、室内分析制图组及后勤服务组。专家指导组由中国科学院南京土壤研究所著名土壤学家席承藩、北京农业大学土壤农化系教授林培、中国农业科学院土壤肥料研究所黄鸿翔组成。

野外调查组由土壤肥料研究所的王关禄、沈汉、张国治、张有山，4名中国科学院南京土壤研究所人员，北方十几个省（自治区、直辖市）农业厅选派的技术人员以及北京郊区县的技术骨干人员组成。通县土壤普查试点聚集了众多农业科技人员，经过一年多的时间试点工作顺利完成，通县土壤普查取得成果如下：

一是北京通县土壤普查获北京市科技进步二等奖；二是通县土壤普查试点，为我国北方15个省市及北京市郊区县全面开展普查培养了技术骨干、制定了土壤普查的规范与技术要点；三是北京通县土壤普查试点工作为京郊培训了一批土壤分析化验人员，使北京市郊区县普遍建设了土壤分析实验室。在北京土壤普查的基础上，进行农业区划工作，北京市的农业区划在北京市农业局领导下，由土壤肥料研究所专家王家梁主持完成这一研究课题。

3.配合发展

北京市农业科学院土壤肥料研究所（以下简称土肥所）是北京土壤学会的挂靠单位，除积极参加学会的工作活动外，还努力做好学会的各项服务工作，尽力使土肥所变成学会会员之家，在5年的工作配合中学会也一心一意为土肥所发展献计献策。学会挂靠土肥所时，正处土肥所建设发展时期，一是土肥所建成了新的土肥楼，在学会专家的指导帮助下，建立了标准的分析实验室，并配套了仪器设备；二是学会分析专家指导土壤肥料研究所分析人员掌握了进口仪器的调试操作以及新开分析项目的分析方法；三是参加学会学术交流并与会员开展合作研究，促进土肥所科研水平的提高。

以上回顾，距离现在有很长时间了，有的不一定准确，仅供参考。

八、我记忆中的土壤学会两件事

张有山（北京市农林科学院）

1.第14届国际土壤大会代表在北京考察

1990年8月上旬在日本召开了第14届国际土壤学会代表大会，我国派出了历届人数最多的代表团，北京土壤学会有6位代表出席了会议。

会后，120多位代表来我国考察土壤。考察路线有4条：东北、北京—天津、江苏、广东—广西。

北京—天津路线考察的有17位土壤学家。他们来自英国、日本、法国、新西兰、以色列等国家和我国台湾。

北京土壤学会受中国土壤学会的委托，负责这次接待任务。我学会十分重视这次活动，特别是在亚运会即将在北京召开之际，做好这次接待具有非常重要的政治意义。为此，学会常务理事会做了专门研究，成立了以北京农业科学院土壤肥料研究所为主的接待小组，从1988年开始做准备工作。

首先确定考察路线。1988年我们与中国科学院南京土壤研究所席承藩、谢建昌两位土壤学家及两位日本土壤学家庄子、岗崎先生一起选定了复石灰性褐土、碳酸盐褐土、水稻土3种土壤类型和地点。之后又取了土样，进行了理化性状分析，写了考察指南。

在准备期间，多次到房山、延庆、海淀3个区县检查、安排和落实土壤剖面地点、考察路线和旅游景点。

专家们于1990年8月19日入境，先在天津考察了3天，23～26日在北京活动。先后考察了房山区窦店镇的石灰性褐土，延庆县大柏老乡的碳酸盐褐土和海淀区六郎庄村的水稻土。在考察现场，席承藩、沈汉、王关禄等土壤专家向外宾介绍了3种土壤的分类依据、剖面形态、发育特征及农业利用情况，并回答了提出的问题。

各国专家对3种土壤剖面十分感兴趣，拍了很多照片，有的还取了土样。年近80岁高龄的新西兰土壤学家看得十分仔细，提了很多问题。外国专家对延庆的碳酸盐褐土特别感兴趣。日本、新西兰等专家对六郎庄村水稻土非常关注，他们不顾地里的泥水，长时间地站在剖面前观察。

在看剖面时，中外专家就3种土壤的分类问题多次交换了意见。他们对我们提出的黏化层部位在碳酸盐褐土分类中的地位，复石灰性褐土的成因十分赞赏，对我国合理利用土壤资源，施用有机肥料，培肥改土等实用技术格外关注。他们还兴致勃勃地参观了窦店镇的生态农业典型，看了牛场、机务队、沼气池和农田。村干部向专家们介绍了情况并回答了问题。

窦店镇非常重视培育土壤，全部的秸秆用于直接或过腹还田，土壤有机质含量不断提高，土壤肥力状况不断改善。20世纪80年代后期又发展了沼气，向生态农业和良性循环迈了一大步。当得知全村10年粮食产量翻番，收入增加10倍后，各国专家都十分惊讶。

专家在京期间还游览了长城、十三陵、故宫、天坛、颐和园、雍和宫、白云观等名胜古迹，参观了周口店遗址。中国雄伟壮观的古代建筑，珍贵罕见的历史文物，使他们赞叹不已。

8月25日晚，在北京科学会堂以北京土壤学会的名义举办了茶话会，为东北、京津两线的10多个国家的25位土壤学家送行。

我国著名土壤学家、北京土壤学会名誉理事长李连捷院士，农业化学家张乃凤，微生物学家胡济生3位老先生出席了茶话会。到会的还有中国土壤学会席承藩、谢建昌2位研究员，中国农业科学院土壤肥料研究所所长林葆研究员、北京土壤学会副理事长、正副秘书长和理事等10多人到会。

茶话会由学会副理事长陈廷伟研究员主持。他代表北京土壤学会热烈欢迎各国土壤学家来中国考察，祝贺他们考察成功，并介绍了北京土壤学会的概况。

会上，10多位中外专家发表了热情洋溢的即兴讲话。外宾们十分满意这次中国之行。我国土壤科学的发展和进步如同美丽的北京一样，给他们留下了深刻的印象。中外科学家共祝今后加强合作，增进友谊，期待不久再次在北京相会。

学会向每位外宾赠送一枚亚运会纪念章，他们很高兴地戴在了胸前。

茶话会自始至终在热烈、轻松、活跃的气氛中进行。

外宾于9月27日离京回国，历时7天。

中国土壤学会对我学会的接待工作很满意，正如他们在给我们的感谢信中提到的一样，北京土壤学会为中国土壤学会乃至为我国争来了荣誉。

接待工作得到了有关单位特别是房山、延庆、海淀3个区县的有关单位和领导的大力支持和协助。他们都以亚运意识来对待那次外事活动。延庆县县长亲自出面安排，陪同外宾考察，房山区农业局侯局长亲自帮助选点：海淀区外事组十分重视外宾的安全，通知有关部门一定要做好安全保卫工作，绝对保证外宾安全。

3个区县土肥工作站等单位的科技人员，帮助我们做了大量工作，保证了业务活动的顺利进行。

土壤剖面所在的村，都以国家利益为重，不争报酬，根据技术要求做出标准的剖面。六郎庄村在挖水稻土剖面时，边挖边出水，为了方便外宾观察剖面，他们克服了很多困难，架起了水泵连夜抽水，受到了外宾的称赞。

通过此次接待外宾考察的活动，加深了国外同行对我国的了解，增进了我国土壤学家与各国同行的友谊，扩大了我学会国际活动的窗口。同时，通过接待也锻炼了我们举办大型学术外事活动的能力，推动了我学会与各国同行的合作，为发展我国的土壤科学事业奠定了良好的基础。

2.出版《北京土壤》一书填补了北京市土壤文献空白

北京第二次土壤普查于1979年开始，1983年结束，历时5年，范围涵盖了全市农田、林地、荒山和裸岩等共2 067万亩。通过普查，查清了全市七大土类，19个亚类的土壤形成条件、土壤类型、属性及分布规律，对北京市69个土属的面积、分布形态、特征、理化性状、生产性能以及障碍因素等做了全面统计和分析。普查结果还包括绘制了许多图件，完成了市、区（县）、镇三级的1 ： 100 000、1 ： 50 000、1 ： 10 000的土壤图、养分图（有机质、全氮、碱解氮、有效磷、速效钾）以及土壤改良利用分区图。

第二次土壤普查的成果对于指导北京市制定农业发展规划、种植业规划和作物布局有重要的参考价值，理应对这些历史资料加以精心整理，汇编成册，正式出版。但由于当时人力财力条件限制，仅制了铅印本的《北京土壤》，一直没有正式出版成书。多年之后铅印本《北京土壤》也所剩无几，这种情况在全国极为少见，也和首都地位极不相称。

为了抢救这份珍贵的历史文献，北京土壤学会主动承担起正式出版《北京土壤》的重责，这项工作由时任北京土壤学会常务副理事长秘书长刘宝存研究员主持，北京土壤学会副理事长赵永志共同担任主编，经费由北京市农林科学院植物营养与资源研究所和北京市土肥工作站两家单位出资赞助。本书在编写过程中征求了原北京土壤学会理事长黄鸿翔研究员、中国农业大学张凤荣教授等人的意见，共同确定了编写大纲。全书分上下两篇：上篇以原铅印版《北京土壤》为蓝本，增加修改了部分内容，属于本书的文献部分；下篇是为了适应首都“调结构、转方式、发展高效节水农业”的发展战略要求，邀请了中国林业科学研究院、北京市农林科学院、中国水利水电科学研究院以及北京市土肥工作站等单位40多名专家教授撰稿。围绕土壤资源利用、土壤养分管理、特优农产品环境条件、节水农业、土壤污染与防治5个专题，提出北京土壤资源在建设都市型现代农业中如何合理利用保护的建议。

经过两年多的努力，《北京土壤》于2016年由中国农业出版社正式出版，全书共70万字，图文并茂、装帧精良、内容丰富翔实。全书体现了历史文件与现实应用的有机融合。本书的正式出版，一方面得以保留了北京重要的土壤文献，另一方面也为首都现代农业发展提供了全方位的土壤基础数据，为北京市乃至全国土壤科学工作者了解北京土壤提供了第一本全面的珍贵资料。

九、给北京林草现代化建设的一点建议

杨承栋（中国林业科学研究院）

北京林草现代化建设正在飞速发展，取得了举世瞩目的辉煌成就，现就北京市平原造林（林草现代化建设）给出一点建议——“发展混交林、保护好林地的枯枝落叶，恢复和提高森林土壤功能，实现可持续经营”。

单树种纯林经营，特别是针叶树种纯林经营，导致土壤质量下降，病虫害严重，抵御不良环境能力及林木生长量下降，在国际引起的教训是深刻的。这里仅以德国为例简单叙述：德国的原始林是以栎类等阔叶树种为主的混交林，然而，在18世纪末到19世纪的造林运动中，德国大部分天然林被砍伐，逐渐地被单树种云杉纯林所取代，其后果是遭遇到各种灾害的袭击，一个接着一个，生态严重失调。直到20世纪后期，德国在云杉林中逐渐地引入阔叶树种，才逐渐地培育成稳定、具有生物多样性的混交林。

而我国长期以来，随着国民经济迅速发展，对木材的需求量快速增长，大面积的天然林逐渐被砍伐，与此同时，迎来了自20世纪50年代末以来全国范围内大规模的人工林营

造。然而较长时间以来，由于我们缺少经营人工林的成功经验和技术储备，致使人工林经营过程中出现了一系列问题：人工林土壤质量及林木生长量大幅度下降，严重地威胁着我国人工林的可持续经营。我国人工林面积7.95亿亩，占世界人工林总面积的1/3以上。然而，我国人工林单位面积木材蓄积量只有世界平均蓄积量的一半。造成如此结果的原因是多方面的，其中在人工林经营中未能充分利用我国丰富的树种资源，未能根据具体的立地条件和树种的生物学特性经营人工林，造成我国人工林树种单一化、针叶化、林分结构单一化的局面；兼之重茬经营，造成我国人工林地力退化、病虫害严重，林木生长量大幅度下降，这些是造成我国人工林林木蓄积量远低于世界平均水平的重要原因。以杉木为例，第二代人工林和第一代相比，林木生长量下降10%～15%；第三代和第一代相比，下降幅度达30%～40%。桉树、落叶松及杨树等，也由于单树种纯林重茬经营，地力衰退严重，林木生长量也存在大幅度下降的现象。不仅如此，病虫害日趋严重，这里仅举一例：中国林业科学研究院亚热带林业实验中心，地处南亚热带，是马尾松树种适生区域，经营着大面积的马尾松人工林。20世纪末发生严重的松毛虫灾害，虫灾的迅速蔓延迫使该中心以万亩为单位迅速砍伐尚未成熟的马尾松，若不及时砍伐，等松毛虫把树叶吃光，树必然会枯死，枯死的树则无任何实用价值。

鉴于此，建议北京市在森林经营中，注意发展混交林，对现存的单树种纯林、特别是长势差的林地，建议逐渐将其改造成混交林。

建议在北京的平原地区营造杨树与刺槐混交林，通过混交可明显提高杨树的成活率。根据笔者主持的“八五”“九五”国家攻关专题研究成果，营造杨树与刺槐混交林，混交比例可采用8 ： 2。研究结果显示：八年生混交林与杨树纯林相比，林木生长量提高58%～68%。混交林的土壤养分和土壤生物学活性有了明显的提高，相比于杨树纯林土壤，土壤有机质含量提高7.10%，土壤碱解氮提高26.30%，有效磷提高228.40%，土壤速效钾提高88.60%；土壤生物学活性提高160%～716%。在北京大兴区林场也有杨树与刺槐混交林生长状况明显优于杨树纯林的成功经验报道，特别是山海关杨与刺槐混交林优势更为明显。

在北京的丘陵和低山地区，建议营造油松与阔叶树混交林，如油松与栎类混交林，可营造油松与栓皮栎等混交林，考虑到种间竞争，应根据具体的立地条件，采用带状或块状混交模式，营造油松和栓皮栎混交林，值得注意的是，要避免在很干旱瘠薄的正阳坡，以及迎风的阴坡营造此林分类型混交林；也可营造油松与元宝枫混交林，宜选择阴坡、半阴坡立地条件，油松与元宝枫的混交比可为3 ： 1。混交模式可采用油松成带、元宝枫成行混交。

北京市可选择的造林树种很多，可营造多种林分类型的混交林，这里我就不一一列举。

为了维护、恢复和提高森林土壤功能，我们仍需要保护好林地里的枯枝落叶层：森林枯枝落叶层在森林土壤生态系统中对水源涵养能力、养分供应能力、促进土壤生物活动强度、保护森林土壤等方面具有重要的作用。

枯枝落叶层除本身具有很大的吸水能力外，还能起到减小雨滴动能，增加渗透能力，提高地表粗糙度，降低地表径流流速，保护土壤资源的作用。北京市夏季为多雨季节，并多伴以暴雨形式出现,保护好林地枯枝落叶层,可有效地降低大雨对地面的直接冲刷，减少水土流失。

森林土壤有机养分来源的主要途径是林地枯落物，已有的研究报道表明：森林每年通过枯落物分解归还林地土壤的总氮量占森林生长所需总氮量的70%～80%，总磷量占65%～80%，总钾量占30%～40%。国内外学者研究结果均表明：保留林地枯落物和采伐剩余物，对于形成有群落结构的林分，增加林地生物多样性，提高土壤中有机、无机养分含量，维护和恢复森林土壤功能，提高林木生长量，是非常重要的经营技术途径。缺少高质量的有机质源源不断地补充林地，必然会导致土壤有机质含量下降，养分输出大于输入，影响林木生长。

鉴于此，建议北京市保护好林地的枯枝落叶。对于落在城区马路上的枯枝落叶，建议能在就近的树根周围筑起小埂，把这些枯枝落叶收集起来，放置于小埂内，这样既可以使枯枝落叶腐烂分解之后把养分回归土地，也可有效地维护和恢复土壤功能，同时也可避免枯枝落叶滞留在马路上影响到城市环境的美观。

笔者希望上述建议能对北京市林草现代化经营，能对合理保护、开发和利用北京市森林土壤资源有所助益。

十、热爱土壤事业，服务土壤学会

李棠庆（北京农学院）

自1955年秋从湖南常德专署下辖的一个小小的农业技术推广站，独自来到北京，跨入当时设立在西郊罗道庄的北京农业大学（现中国农业大学）的校门时，就注定了我这一生所要从事的专业——土壤农业化学专业。经过4年又4个月（其中包括一年的农村下放）学习，于1959年底被分配到北京市农业局的下属单位北京农业学校（现北京农学院前身），担任教学工作，直至1994年退休。

总括起来，能勉强拿得出来呈献于此文集中的成果仅有以下内容：

1.在北京农业学校时的1964—1965年进行了“京郊石灰性土壤中磷肥有效施用方法”的探讨

选择这个课题是出于如下思考：

（1）尽管在当时的农业生产中化肥的施用总体上尚处于低水平，而且重心集中在氮肥上。但是以氮肥作为化肥使用旨在提高农作物产量中的作用，已成为广大农民的共识而受到了欢迎。而随着时间的推移，报酬递减率的作用日渐凸显，即使再加大氮肥的施用量也难以再提高产量。另一块短板成了产量进一步提升的拦路虎，那就是三大营养要素中的磷素，便成了撬动农作物产量进一步提升的重要杠杆。

（2）磷在土壤中的自然含量，尤其是有效态磷的含量不高，很难满足作物高产的需求。

（3）有效态磷在土壤中极易被固定而失去其有效性，在北方的石灰性土壤中尤甚。不仅固有的有效态磷易被固定，以肥料的方式施入的也难逃此劫。所以，既要补短板，又要尽可能保护其有效性，就只好在施肥方法上寻找些办法了。于是进行了田间试验，在位于昌平境内的试验地里展开。土壤为潮土，可灌溉。供式作物为白马牙玉米。磷肥品种为过磷酸钙。

实验设计为4个处理：全面撒施、播种前条施、播种前穴施、与有机肥料混合后穴施、空白试验。每个处理4次重复，共20个小区。外加保护行。

试验于1964—1965年进行了两年，但头一年由于仓促，准备不足，加之缺乏经验，选择的地块是新近刚平整过的，小区布局也不甚合理，导致了结果的可靠性不明确。

背负着这样的教训，第二年就处处小心、深思熟虑、严格操作。为了尽可能缩小各处理之间的差异，每小区的播种量和最终的留苗数都相等（以玉米为试验作物是可以做到的）。一切都在有序运行。收获后对全部数据做了数理统计分析，肯定了结果的可靠性和有效性。从而可以得出如下初步结论：

（1）在京郊石灰性土壤中增施磷肥，有望提高农作物产量。

（2）为了减少水溶性磷被固定，应尽可能将其和质量较高的有机肥料相互混合。

（3）采用局部施肥的方法比撒施效果好。

（4）化学磷肥的施用应提上日程。

应该说，上述成果的取得和当时学校高层的重视和支持很有关联。不仅提供了所有的物资材料，还指派了3位高年级学生给我当助手，从而有效地负担起了一切田间操作、管理工作，保证了试验的顺利进行。试验过程中的理化分析和测试，都是利用学校实验室的仪器、试剂完成的。

根据试验所取得的数据，将其整理成了一篇论文，居然不知深浅地投寄到中国科学院南京土壤研究所创办的《土壤学报》。大约是1966年初春，土壤研究所的一位女士，居然不辞辛苦顺便来到我们学校组稿，约我与她见面洽谈。过了一段时日，我收到了寄来的一期登载了我的论文的学报和些许稿酬的汇款单。

2.改革开放时期

改革开放以后，和许多人一样，我也结束了专业的漂泊状态，回到了在原有基础上恢复、重新组建的北京农学院，参与了许多非专业性和专业性的工作。随着北京市科学技术协会和北京土壤学会的复活，我有幸参与了学会的工作，并被遴选为第五、六届理事会理事之一，还担任信息组组长。在此期间主要做了以下几件工作：

（1）主编学会内部通讯。定时组稿、收集各单位学会会员们的日常有关活动的信息动态，整理后交由秘书组打印、发送至各个会员单位。以起到交流、相互了解和启迪的作用。几年的工作得到了学会的认可，为此向我颁发了一个奖励。

（2）整理斯里希廷教授“土壤生态讲座”的录音稿。约在20世纪80年代中期，与中国农业大学建立了学术交流关系的德国霍恩海姆大学的斯里希廷教授，先后两次应邀来我国讲学。我只参与了第二次讲座。按农业部的规定，凡有国际学术交流的活动，完成后都要形成文字档案，所以必须把录音整理成为文本。主持该讲座的李韵珠女士要求我承担此项工作，交给我30多盒带有中文口译（译者并非土壤农化内行人士）的录音带和一架收录机，以及复印的斯里希廷教授的一沓图表资料。于是我只得利用业余时间（那时我还有正常的教学和科研任务）勉力反复听录音并对照自己的听讲笔记和图表资料，花费了两个多月的时间才完成这项任务。

（3）出版了一套名为《土壤资源利用与科学施肥——北京土壤学会第六次代表大会暨学术年会论文集》上下册。共收入论文99篇，计60余万字。

我自己的一篇论文《京郊主要农田土壤养分状况的研究》也收入其中。编辑阵营为：主编李棠庆；副主编褚天铎、陈培林；编委刘晓铭、张有山。

此文集由当时担任学会理事长的毛达如教授写的序言，我写的前言。由北京科学技术出版社出版。

学会决定出版这套论文集是有其初衷的。“文革”结束以后，一切都处于百废待兴的状态。科技界广大工作人员的职称评定亟待解决 。申报职称评定的硬件是业内已发表在有一定资质的学刊上的学术论文。但是当时可作为论文载体的这种学刊却很难满足客观需求，而且还得交一笔不菲的版面费。此外，会员们手头大都有一些论文被固锁在抽屉里不得见天日。于是就有了出版论文集的提议和行动。

这部文集的诞生到底对多少人起了作用，对多少人没有帮助，没有统计。这是我的失误，应该自责。但我知道，鉴于当时评定职称工作的复杂性，一言以概之，既有幸运者，也有失落者。正是“月儿弯弯照九州，几家欢乐几家愁”吧。

以上便是以学会会员身份所做主要工作的概述。

十一、学会工作几点体会

徐建铭（北京市农林科学院）

我1995年从北京市农林科学院退休，领导让我做学会工作，我有点犹豫，因为学会工作不好做，学会是群众性的学术团体，不纳入政府科研计划，不安排研究课题，不列支经费。在职科技人员是不情愿做这项工作的，我已经退休了，没有别的事情，身体健康，还想做点事，就承担了北京土壤学会的工作。当时的学会秘书吴静同志跟我交接了学会工作，我在学会第七至十届期间，任职两届副秘书长、两届秘书长。现把我承担的四届学会工作的体会，简述如下：

1.多渠道解决经费问题

我为了更好地开展学会工作，一是找了学会第八届理事长黄鸿翔，提出个人看法，建议从现在起学会开始收会费。二是向北京科学技术协会（以下简称科协）等申报调研和科普项目。三是积极争取挂靠单位和团体会员单位及企业支持，经多渠道努力并在大家支持下学会的经费逐步有了好转，基本能保障学会工作和学术活动的正常运行。

2.维护好与挂靠单位的关系

办公场所、水电费、打字、复印等都要挂靠单位支持，我深深体会到，学会必须得到挂靠单位的支持，否则难以生存。为此，认识到学会必须改进工作方法，及时向挂靠单位汇报工作。开展国内外学术活动，要和挂靠单位的科研项目紧密结合起来，如环境污染、提高化肥利用率的问题等，这样有利于学会开展工作。

3.学会要有专人负责

在学会十几年的工作体会到，学会的事情太多，各种国内外学术活动、科技下乡、科技调研、日常工作等，必须有专人管理，而且学会的工作人员要有专业知识，外行做不好此项工作，因为不懂技术，不知如何安排国内外学术活动和服务当前农业生产的问题。若由科技人员来兼管学会工作，是很难做好的，因为科技人员的主要精力放在科研上，没有时间参与学会工作，可考虑聘请退休的科研人员。

4.处理好各种关系

处理好学会与挂靠单位的关系。学会要与挂靠单位沟通思想，及时交换意见，各种学会活动要结合起来。努力完成科协交给的各项任务，要主动向科协争取承担调研项目和其他任务，经常和科协交流思想，向科协汇报工作，取得科协对学会的支持。处理好本学会与中国土壤学会的关系，积极参加中国土壤学会主持的学术交流和各种专业活动。向兄弟学会学习，互相帮助，互相支持，有事共同商量。特别是要跟蔬菜学会、植保学会、农学会搞好关系，争取他们的帮助。

5.开展好国内外的学术活动

学会是一种群众性的学术团体，开展好国内外学术活动是学会的本职工作，学会要大力开展学术交流活动。每次学术活动要有针对性，要有特色，要符合科研方向“三农”需求与培养提高科研人员素质的需要。

我承担学会工作这四届以来，召开了国际学术研讨会，共6次，每次将会议的文件汇编成论文集。召开国际学术研讨会，学习国外先进技术，促进科技与农业的发展。召开国内学术报告、科技论坛、技术讲座及各种研讨会，共50次左右，每次研讨会都有论文集，年终都有论文集选编。

2008年北京土壤学会会同挂靠单位北京市农林科学院植物营养与资源研究所、中国农业大学、中国农业科学院、北京土肥工作站等单位承办中国土壤学会第十一届代表大会暨海峡两岸学术交流研讨会，到会的国外来宾、学者来自10多个国家，50多人，国内外院士10多名，教授、专家等600多名，学会代表1 700人左右。这是学会历史上规模最大、人数最多、水平最高的一次盛会。中国土壤学会的理事长主持会议，农业部副部长作报告，国内外院士、教授作了精彩的讲演，各省市土壤学会的代表也都作了报告。这次大会的成功，显示了中国土壤学界的繁荣局面和光辉未来，是中国土壤界，最有影响力的一次盛大聚会，得到了农业部的表扬。

学会每年都要组织一次优秀论文演讲赛，其目的是提高青年人学术水平，提高他们业务能力，为国家培养人才。每年组织专家科技下乡，根据农民的需要，举办培训班、地头会诊、技术咨询，为农民解决农业生产中存在的问题，像这样的活动这十几年共有近100次，深受农民欢迎。

6.提高学会的信誉

这些年来，学会获得北京市科技先进集体，学会成员获得先进个人多次。同时还获得北京市精神文明单位，学会工作人员还获得北京市精神文明先进个人。学会还多次获得北京市科学技术协会组织的各种学术活动和比赛的先进集体，学会成员获得先进个人。同时，学会还多次获得中国土壤学会的先进集体，学会成员多次获得中国土壤学会的先进个人和优秀论文赛的青年优秀论文奖。获得的这些奖状、证书、表彰，提高了学会的声望，加强了会员对学会的热爱与支持。学会能有今天的成绩，确实来之不易，经过很多人的努力，克服种种困难、艰苦奋斗、全力拼搏、任劳任怨。在此要感谢学会的各级领导的支持和帮助，感谢各位副秘书长的积极配合和帮助，学会的今天是靠全体共同努力得来的。

7.几点建议

（1）学会要和兄弟学会协作好，可以联合开展共同的项目活动。

（2）学会是否可以和华北地区的其他土壤学会联合组织学术研讨会或学术论坛。

（3）学会组织的部分学术研讨会，建议在县、乡、村基层召开，方便听基层领导和群众的意见，提高会议效果。

十二、回忆日本控释肥专家安原稔先生

吴多三（北京市农林科学院）

1984年6月，我由联合国粮食及农业组织资助去日本农林水产省蔬菜试验场（三重县），做为期半年的研修，期间我去日本东京氮素株式会社研究所访问，与负责人安原稔先生会面，彼此交流了肥料试验与推广应用情况，我介绍了国内化肥使用情况及存在问题，我国化肥利用率普遍低，特别是氮肥利用率仅有35%左右，不仅浪费了资源能耗，提高了成本，也污染了环境，安原稔先生介绍了他们的新型氮肥品种——CDU控释肥。CDU控释肥在土壤中的氮素释放过程与作物吸收养分的周期基本同步，减少了氮素的损失，在水稻上应用其利用率最高可达90%，但也存在一些问题，主要是生产成本高，价格贵，在日本大面积推广受到限制。我和安原稔先生经过交流，他向我表达了和我们合作的愿望，我回国后向领导进行了汇报，通过和北京市有关部门请示，同意以北京土壤学会的名义邀请安原稔先生来北京市农业科学研究院土壤肥料研究所访问，安原稔先生接受了邀请后，不久便来到北京市农业科学研究院土壤肥料研究所，我们热情地接待了他，他与北京市农业科学研究院土壤肥料研究所北京土壤学会领导进行了商谈，并顺利达成了合作意向。确定在伊丽莎白甜瓜上安排CDU控释肥试验，安原稔先生承担实验经费和CDU控释肥，试验工作由我负责安排，我在通县等地选点，经过两年多的试验结果表明，CDU控释肥有增产节肥的作用，我的实验报告发表在农业科技期刊上。

当时控释肥在我国还是空白，为了学习日本的先进技术，我们征得了安原稔先生的同意，他答应为我们培养两名研修生，学习时间为一年，经费全部由日方出，北京市农业科学研究院土壤肥料研究所派了徐秋明赴日本学习控释肥制作技术，北京市农林科学院植物保护研究所派王英男研修植物病理，通过一年的学习，徐秋明同志大致掌握了制作控释肥设备技术，回国后他和机械厂合作，经过一年多的实践磨合，反复修改，终于制作出我国第一台生产控释肥的设备，以后又不断改进设备，逐步升级，于2009年生产出第一批符合国标的L型、S型两种包膜控释肥料，后经大面积试验示范，在多种作物上均获得满意的效果，特别是在水稻上氮肥利用率达到60%，这项科研成果荣获北京市科技进步二等奖，其不仅填补了我国控释肥的空白，而且更主要的是开辟了我国大规模生产制作控释肥的先河，这其中安原稔先生对我国控释肥的发展是有贡献的。

十三、回忆我在学会的工作

刘晓铭（北京市农林科学院）

我从1980年到1993年初在学会工作，如今离开学会工作已经二十多年了，因人老记忆力下降，很多细节想不起来了，现就将我记忆的大事回顾一下，仅供参考。

北京土壤学会，是为在北京的中央及地方的土壤肥料科技工作者进行学术交流，解决科研问题，共同提高的平台，也是为年轻的科技人员成长，为首都农业发展做贡献的纽带。

1.学术交流及考察

（1）20世纪80年代，学会有机肥料专业组组长白英老师，组织学会从事肥料的部分科技人员15人左右，到白英老师的实验基地考察，首次提出了有机农业的概念。

（2）受昌平土肥工作站周安站长和张庭顺站长之约，学会农化专业组多次到昌平进行实地考察，学习他们的先进经验，解决昌平地区农业生产中存在的问题。

学会农化专业组组长陈伦寿老师，带领农化组的近20名专家，有中国农业大学的毛达如、陆景陵，中国农业科学院的张乃凤、林葆、黄鸿翔，北京市农林科学院的黄德明等考察了昌平果园果树下覆盖麦草，保水保肥防杂草，以及树下铺设反光膜扩大光照面积等苹果园的先进栽培措施，并品尝了此果园的苹果，苹果个大，糖分多。这些措施都得到了与会专家的一致好评和肯定，认为可以在全区推广。农化专业组还在昌平组织了如何促进昌平果园合理施肥，提高产量的学术交流会，会上专家们提出了很好的建议。

（3）学会农化检验专业组组长是李淑君。主要的学术贡献是提出一些新的检测方法以及改进方法，对检测当中所遇到的各种问题的解决办法，为培养年轻的检测人员创造了很好的条件。比较突出的是李酉开教授在海淀农业科学研究所（白刚义所长）组织的有关检测标准化的研讨。

（4）学会土壤专业组，在李连捷老先生还有北京农业局土肥站老专家的指导下，组织了多次学术活动，另外王关禄做的土壤速测箱，也通过学会向郊区推广，率先走在了测土配方施肥的前沿。

2.国际学术交流

20世纪80年代我院（北京市农林科学院）陈杭副院长，负责我院的外事活动，院里来的外国考察团中凡土肥的专家，都让北京土壤学会人员陪同，去过慕田峪长城、密云水库，考察郊区特色农产品生产基地。每次都很好地完成了接待任务。

20世纪80年代我们从北京市科学技术委员会了解到，有一个美国农业代表团访问我院，其中有农化专家，我们积极联系，为我学会的科技人员组织了一场报告会，地点在我院老楼会议室，来参加的会员有三四十人，报告的过程中，他们有关施肥和病虫害防治的挂图很系统，会对我们今后农业的发展有益，我们请他们留下了挂图，以陈伦寿老师为主，联系了清华大学图片社，在北京市农林科学院土壤肥料研究所的支持下，做成了两本幻灯集，成为科普资料保留至今。

学会联系到加拿大知名农化专家张文敬来京讲学，我们向全国除西藏之外的各省农业科学院、土肥工作站发通知组织全国性的培训班，受到同行的热烈响应，有20多个省（自治区、直辖市）50多人参加了培训，在我所办公室所有人员的配合下，圆满完成了全国性的培训班学习任务，受到学员的好评，还在会上销售了数十套幻灯片，传播知识的同时，还给学会增加了收入。

3.为北京农业发展办实事

学会农化专业组受北京市园林绿化局之约，对北京市行道树、劳动人民文化宫、北海公园的古树进行考察，找出了行道树生长缓慢的原因，提出了古树复壮的措施及建议。

1989年初，响应北京市科学技术协会号召为北京市发展办实事。我与北京果树学会秘书长商量，决定各自发挥本学会的优势，联合办实事儿。北京果树学会挂靠在北京市园林绿化局，与北京市各郊区县的果园都有着密切的联系，而且北京市园林绿化局下属的天竺苗圃有意建肥料厂，我们学会有技术上的优势。通过协商决定建立北京市林果树配方肥料厂，利用天竺苗圃的场地、资金，果树学会的销售市场，由北京土壤学会负责测土并提供配方。从某种意义上讲，测土配方施肥、制作专用复混肥我们走在全国同行的前面，北京市林果树配方肥料厂是国内首家集土壤测试、配方施肥、生产销售于一体的专用肥生产企业。

4.培养青年科技人员，建立土壤科学发展后备军

中国科学技术协会组织全国的青年论文评比，北京市科学技术协会要求各学会报青年论文，北京土壤学会给各会员单位发通知，征集青年论文，当时北京农业大学（现中国农业大学）最为积极，报了好几篇论文，有张福锁、张凤荣等，通过学会报北京市科学技术协会再上报中国科学技术协会，最后评选出2篇优秀论文，这对他们以后的发展有重要意义。

吴多三从日本回国后，介绍了日本先进的包膜控释肥，并在北京进行试验。后日本友人安原稔先生连续3年每年都来我国，由北京土壤学会接待并建立了良好的关系，后来他提出可以给我们培养两名研修生，与黄德明等人商量后，按照日本专家的要求，选送农化和植保各一名，最后我们选了土肥所徐秋明、植保所王英男，二人在日本学习了一年。徐秋明学习的包膜尿素，当时在我国还未开展，这对我所乃至对我国的新型肥料——包膜控释肥的发展有很大的促进作用。

十四、我看北京土壤学会

刘宝存（北京市农林科学院）

1993年12月，我从北京市农林科学院综合发展研究所调到土壤肥料研究所，正式进入土肥圈，并开始认识北京土壤学会，当时学会理事长是中国农业大学的毛达如（校长）先生。1996年8月换届，第六届理事长为中国农业科学院土壤肥料研究所黄鸿翔（副所长）先生，我被推选为北京土壤学会秘书长，随后我从秘书长、副理事长到常务副理事长兼秘书长，从开始兼职到现在专职，已服务于学会28年，陪伴了七届（第六至十二届）理事长。这些年我见证了北京土壤学会的发展历程，目睹了北京土壤学科的辉煌业绩，看到了北京土壤学界人才的成长壮大。现今北京土壤学会会员队伍从1994年300人到今天的1 100人；学会资产从1994年每年收入几千元，到今天的几十万元，同时现在拥有固定资产近百万元。

1.学会是社会团体

北京土壤学会是一个社团组织，业务归口北京市科学技术协会，为独立法人单位。中国农业大学和中国农业科学院为轮值理事长单位，挂靠在北京市农林科学院植物营养与资源研究所（原土壤肥料研究所），担负着执行理事长和秘书长，主持日常工作。这是北京土壤学会成立之初的不成文约定，说是当时第一届理事长李连捷的提议，主要理事单位各方认同，从第一届持续至今62年不变。

北京土壤学会是非营利的社会团体，由一定数目的会员组成，有学会章程，是独立行使民事权利、承担民事责任的法人组织。学会奉行自愿加入的原则，依法依照章程办会、

民主办会、自治自律是学会的组织原则。

北京土壤学会是由研究土壤学科领域的科技工作者自愿结成的学术团体。代表区域土壤肥料学科，学会会员主要是专家学者、高等院校、科研院所和社会各界的广大科技工作者，是以科技工作者为主体的学术共同体。学会围绕着服务科技工作者、服务科技创新，是学术性、专业性社会组织，是科技发展的必然产物。

北京土壤学会的任务是科研、学术交流、促进学科发展，是密切联系科技工作者，宣传党的路线方针政策，反映科技工作者的建议、意见和诉求，维护科技工作者的合法权益，建设科技工作者之家。它承担组织科技工作者开展科技创新，参与科学论证和咨询服务，加快科技成果转化应用，助力北京经济社会发展。它弘扬科学精神，普及科学知识，推广科学技术，传播科学思想和科学方法，提高全民科学素质。它需要健全科学共同体的自律功能，推动建立和完善科学研究诚信监督机制，促进科学道德建设和学风建设。

2.学会是个平台

北京土壤学会是区域土肥工作者的活动平台，是同行科技人员之家，是天下土肥人的驿站。每年要承接政府委托项目、组织区域同行科技下乡、国内同行科技交流及国际同行学术会议等。学会的主要职责是为政府决策服务（立项、评价、技术咨询）、为科技人员服务（交流、联谊、人才培养）、为社会服务（科普、科技下乡、科技示范）等。

（1）为政府决策服务。学会作为非营利性组织，相对客观，地位超脱，受局部利益影响较小。同时，学会作为科学共同体，拥有无可争辩的学术权威性。因此，科技团体被明确为是承接政府职能转移的一个重要选择，这是国家对科技团体的信任，也是对科技团体的要求和期望。

① 2014年北京土壤学会组织主要会员单位中国科学院、中国农业科学院等会员单位参加中国科学技术协会主办的环首都区域生态建设研讨会。我们有3个大会主报告：首先利用3S技术调查并结合文献调研综合分析北京市农业土壤（肥力和环境）质量时空变化规律，评价肥力和重金属污染现状，分析影响因素。随着北京市社会经济的快速发展，城区面积逐渐扩大，土地资源利用强度增加，大量耕地转为各类建设用地，导致耕地资源急剧减少。另外，调查分析发现，北京农业产业结构发生了全局性变化，农业功能由原来的“保供型”逐步转变为“市场型、效益型、生态型”，大田粮食作物种植面积大幅下降，蔬菜、瓜果等重点产业迅速发展，种植面积持续上升，化肥等农业生产资料投入持续增加，单位面积农业土壤环境承载压力增大。1980—2012年三十多年时间内，北京市粮田、菜田土壤全氮、有效磷含量持续升高，高和极高养分粮田、菜田面积比例大幅增加。北京市现有农业土壤肥力整体呈较高的水平，区域分布大致呈西高东低、北高南低的趋势，不同土地利用方式下，菜地土壤肥力水平较其他类型土壤明显偏高。同时，从农业土壤汞、铅、镉、铬、砷、铜等重金属环境质量指标时空变化来看，2005—2012年，随着时间的推移，北京市农业土壤汞、镉、铬、铜含量呈升高的变化趋势；从空间分布来看，北京市农业土壤汞、镉、铬、砷、铜含量高于北京市土壤重金属含量背景值，但低于《土壤环境质量　农用地土壤污染风险管控标准（试行）》（GB 15618—2018）二级值，整体处于清洁无污染状态，近郊的朝阳区、海淀区、丰台区、顺义区现有农业土壤存在汞、镉累积现象；从不同土地利用方式

2014年环首都区域生态建设研讨会现场

常务副理事长刘宝存在2014年环首都区域生态建设研讨会上作报告

来看，菜地土壤汞、铬、镉含量存在较大变异系数，与粮田、果园、绿地利用方式相比，存在镉、铬明显累积。当时作为大会优秀报告引起了北京和中国科学技术协会的极大关注。

② 2017年5月，北京土壤学会承接北京市和平谷区科学技术协会“平谷区土壤质量保育与提升对策研究”项目，组织会员单位中国农业大学、中国农业科学院、北京市农林科学院、北京市土肥工作站、平谷区农业科技研究所等理事单位的专家，成立工作组。在多次实地调研、取样分析、文献查阅基础上，依据《平谷区“十三五”国民经济和社会发展规划》《都市型现代农业发展规划》《平谷区土壤、水污染防治工作方案》，以2005年平谷区测土配方施肥、土壤环境质量调查数据和2005—2015年土壤及地下水十年定位检测数据，结合2005年、2016年平谷区农业统计年鉴自然、社会、经济的变化数据和各会员单位在平谷区开展的相关科研试验数据等材料，听取了平谷区科学技术协会组织的平谷区农村工

作委员会、农业局、畜牧局、果品办公室及国内相关领域知名专家的意见与建议，形成了“平谷区耕地质量保育与提升对策”报告。该报告从2005年、2015年数据对比分析了平谷区农业结构发生的重要变化，以大桃为主的林果业得到大力发展，种植面积和产量大幅增加，蔬菜种植面积也有一定的增加，玉米、小麦等为主的粮田种植面积大幅削减。2005—2015年，粮食作物、经济作物、蔬菜及其他作物占用耕地面积分别下降19.8%、76.2%、35.9%及58.8%，播种面积分别下降15.9%、59.3%、51.2%及63.7%，设施蔬菜播种面积增加11.7%。

科学揭示了农田肥料整体用量在减少，但施肥比例不合理，菜田磷肥投入过高，有机肥磷肥养分投入量平均占到总养分量的80%以上。果园施肥量有一定程度降低，但氮素投入过高，包括化学尿素和有机肥，尤其是化学氮肥。肥料类型多样，质量参差不齐。明确指出果园、菜田土壤氮磷上升且增幅较大，已表现农田土壤养分失衡，氮磷累积严重，出现盐渍化，微量元素缺乏，重金属尤其是镉存在富集现象。进而引起农产品产量和质量下降，地下水硝酸盐超标严重。

局部果园土壤质量问题相对较为突出。后北宫、大峪子、小峪子、大华山等监测点果园存在次生盐渍化现象，刘家店镇、大华山镇等果园监测点存在镉、砷超标现象，且质量分数呈逐年上升趋势。平谷区地下水硝酸盐含量整体呈明显升高的趋势，超标井数占23%，刘家店镇、大华山镇增幅较为显著，超标较为严重。

接着2018年“平谷大桃提质增效肥水调控技术应用与推广”项目启动会，由北京科技社团服务中心、北京土壤学会、北京金果丰果品产销专业合作社共同签订了三方协议。

"平谷大桃提质增效肥水调控技术应用与推广"项目启动会现场

针对平谷区大桃生产现状，以北京金果丰果品产销专业合作社为试验区，在北京市和平谷区科学技术协会支持下，北京土壤学会牵头并联合北京市农林科学院植物营养与资源研究所、平谷区果品办公室、平谷区农业科学研究所、北京农学会、北京果树学会、北京植物病理学会、北京昆虫学会组建了专家团队，由我主持，开展土壤动态监测、土壤调理改良与肥水调控、病虫害防治、桃树规范化栽培与管理等方面的系统研究，集成打包一批先进实用技术，在北京金果丰果品产销专业合作社示范地内进行集中示范。利用3～5年时间，对示范区不同品种类型的3个地块（40亩）进行基础检测、品种更新、土肥管理、病虫草害综合防控等方面的优化调理，并辐射峪口镇500亩，解决当地大桃产业发展中急需解决的科技问题。

③2018年受农业农村部科技发展中心委托，北京土壤学会牵头联合会员单位北京市农林科学院和农业农村部环境保护科研监测所、农业农村部农业生态与资源保护总站、农业农村部农村经济研究中心等单位，围绕我国新时代农业绿色发展的新要求，以农业绿色发展面临的突出问题为导向，以生态文明建设为指引，以资源环境承载能力为基准，以提高农业投入品和产出品的资源利用效率、保育恢复生态环境为主攻方向，以支撑引领农业绿色发展、提高农业质量效益和市场竞争力为目标，探究高效、高质、低碳、循环的农业绿色发展中的环境问题、制约要素。以农业绿色发展空间布局科学化、资源利用高效化、产地环境友好化、生态功能多样化为切入点，全链条设计开展战略研究。提出“制约我国农业绿色发展突出环境问题”的建议报告，为领导决策提供支撑，为“十四五”国家重点研发计划专项立项奠定基础。

研究分析自“十一五”以来，我国农业立足保障生产和生态安全，在优化空间布局上，初步形成了农田土壤质量与肥料效应、农业水资源、农业产地环境、乡村环境质量等长期定位监测网络，积累了一批典型区域和重点领域的观测数据；在资源节约上，开展作物养分高效利用、农业节水节肥与环境效益、新型肥料和农药研发、全程化肥、农药减量、测土配方等技术研发与应用，创新了一批科技成果；在保护产地环境上，实施粮、菜、果主产区农业面源污染综合防控，农产品产地土壤重金属污染综合防治，开展普查和动态监测等，探索耕地面源污染与重金属污染防控与治理模式。在生态农业循环利用上，研发出秸秆资源化利用、地膜及有毒有害化学/生物污染综合防治、畜禽粪污无害化综合利用技术等，创制一批循环低碳模式。

但必须清醒地看到，在国际上，我们科技支撑农业绿色发展面临“巨大挑战”。一是我国现有绿色农业相关理论、技术与标准不完善，科技含量不高，“绿色发展”成为一个筐，什么都往里装，概念泛化的结果是家底不清、方向不明，亟须建立一套评估方法和指标体系，从不同角度和尺度范围反映农业绿色发展的真实状态和进步水平。二是低成本的技术供给不足，适合绿色发展的新产品少，高效生物农药、新型肥料和地膜回收装备等不足，缺少有效的替代技术、产品及合理的施用方式，利用率比欧美等发达国家低。三是质量提升的技术供给和应用低，农业生产全过程节能节水节料技术与工艺落后，农业农村废弃物高效利用，实用农业现代化、标准化的技术、产品、装备少且成本高，农药、抗生素、激素污染残留不能有效去除，品质劣变与营养成分损失，严重影响我国农产品和环境质量、效益和市场竞争力。

在国内，面对新时代，科技供给不能完全适应我国农业绿色发展的需求。一是生产经营方式，已从注重生产到生产、生态并重，追求产量到注重质量效益，分散经营到规模化生产，农业绿色发展的技术体系需要解决低碳化、高效化、机械化、标准化等新问题。二是我国农业水、土等资源约束日益严重，北方主要农区地下水位明显下降，部分耕地表土流失严重，农业农村废弃物综合利用率低，农膜土壤残留率高，高强度利用土地造成土壤质量退化，土壤板结等。着力推进农业生产过程对水、土、气污染防治，根据我国农业不同类型区，构建重点区域和重点流域的综合治理技术体系，迫切需要生态节水、节肥、节药以及污染治理和修复的绿色技术创新。

（2）为科技人员服务。我记忆中的北京土壤学会每年要组织多次国际学术交流与研讨会等，来了解国内外最新科技动态。给我留下印象最深的有3次：

① 2007年6月28日，北京土壤学会和黑龙江土壤学会联合组织30余位国内土肥专家到俄罗斯，与俄罗斯大豆研究所和远东国立农业大学的专家共同举行了中俄土壤肥料学术研讨会，中俄部分专家作了精彩的学术报告。此次研讨会让俄罗斯了解了中国土肥，同时也让我们认识了远东国立农业大学，更加深了中国与俄罗斯土壤肥料科学家之间的交流和友谊。

中俄土壤肥料学术研讨会现场

② 2008年在北京，中国土壤学会主办，北京土壤学会承办了第十一届中国土壤学会全国会员代表大会。参会人员有中国科学技术协会、农业农村部、北京市领导，外宾80余人，国内会员达到1 700多人，创造了当时中国土壤学会年会历史第一，在国内同行业产生了很大影响。

这次大会北京土壤学会理事长（中国土壤学会副理事长）李保国先生牵头组织了《中国土壤与可持续发展》论文集上、中、下三本，共收录论文245篇，北京土壤学会副理事长张福锁（中国土壤学会副理事长）先生全权组织会议（有100余名北京土壤学会会员为大会服务）。

在中国土壤学会第十一届年会大会上我代表北京土壤学会作了“北京都市型现代农业发展与土肥工作者的使命”的大会报告：北京宜居城市建设，离不开农业。宜居城市需要良好的生态环境，以生态保护为前提，发挥农业生态、景观功能和农田系统的生态服务价值。农村社会长治久安，离不开农业产业的保障。北京247.7万乡村人口，农业作为主要收入来源。大力发展高效优质产业，提高农业劳动生产率，带动农民增收致富，促进城乡统筹，成为北京率先实现现代化目标的最大难点。首都大市场容量大、消费水平高、国内外旅游需求旺，农业面积不大、比例不高，但不可缺少。

中国土壤学会第十一届代表大会现场

刘宝存研究员在中国土壤学会第十一届全国会员代表大会上作报告

张有山、刘宝存、邹国元（从右至左）在中国土壤学会第十一届代表大会上合影

北京农业发展定位已转向都市型现代农业发展阶段，北京面对耕地减少、水资源严重紧缺、劳动力价格高、产业处于劣势等诸多问题。农业需要整体转变、调整和提升，要围绕服务首都，追求农产品品质和安全，注重农业多功能开发。必须建设“生态、安全、优质、集约、高效”的都市型现代农业。它是现代农业的一种特殊形态和重要形式，是城市生态系统、食品供应系统和城市生态环境景观系统的重要组成部分，是首都消费观念和可持续发展的重要保障，社会生产力发展的必然结果。

③第五届露地蔬菜生产生态施肥策略国际研讨会。2015年5月19日，由国际园艺学会和北京市农林科学院联合主办，北京市农林科学院植物营养与资源研究所和北京土壤学会承办的“第五届露地蔬菜生产生态施肥策略国际研讨会”在北京蟹岛绿色生态农庄隆重召开。

我作为北京土壤学会常务副理事长、北京市农林科学院植物营养与资源研究所所长主持会议。会议邀请国际园艺学会副主席Silvana致开幕辞，她说这次露地蔬菜生态施肥国际学术研讨会极为重要，对世界各国的蔬菜安全生产有着重要的现实意义。北京市农林科学院院长李云伏、中国植物营养与肥料学会理事长白由路、北京市科学技术协会党组书记夏强等同志先后致辞发言，他们一致提出要科学施肥，保护生态环境，让全世界人民吃上安全农产品，为全世界人民的健康做出贡献。

刘宝存研究员在第五届露地蔬菜生产生态施肥策略国际研讨会上作报告

此次大会，我作了“北京露地蔬菜施肥现状及问题分析”大会报告。会议还邀请国内外多位知名专家做学术报告，来自国外的有西班牙、荷兰、比利时、意大利、日本等14个国家，国内有北京、江苏、河北、山东、广东、内蒙古等10几个省市的科研单位、大专院校、产业大户，共200多位代表参加了会议。

大家都知道蔬菜生产在我国农业生产中占有重要地位，在保障国民农产品供给、均衡市场供应方面发挥了举足轻重的作用。我国是世界上最大的蔬菜生产国和消费国，播种面积和产量均占世界的40%以上。2014年，我国露地蔬菜播种面积约2.6亿亩，总产量约5.2

亿吨。目前已形成华南与西南热区冬春喜温蔬菜优势区，长江流域冬春喜冷蔬菜优势区，黄淮海与环渤海设施蔬菜优势区和黄土高原、云贵高原、北部高纬度夏秋露地蔬菜优势区。但伴随着蔬菜产业的快速发展，我国蔬菜生产过程中存在过量和盲目施肥，化肥投入不合理，影响生态平衡，因此进行生态施肥是个关键技术问题。为此，召开露地蔬菜生产生态施肥策略国际研讨会。

露地蔬菜生产生态施肥策略国际研讨会是蔬菜施肥方面的国际盛会，本次会议从全球的视角探讨了露地蔬菜科学施肥技术。大会将以主题报告形式对植物营养与养分供应、土壤测定与测土施肥、土壤肥力与环境健康、根区调控与水肥一体化、有机废弃物循环利用及可持续性发展等露地蔬菜施肥领域7个主要方向的相关问题进行深入研讨与广泛交流。同时请国内外专家去延庆小丰营村和顺义区杨镇进行考察。

本次会议的召开，使我们进一步学习欧美发达国家在露地蔬菜生态施肥技术研究方面的进展和政策措施，加强国际露地蔬菜生态施肥技术研究的交流与合作，强化国内集约化露地蔬菜生态施肥技术研究、推广、应用等领域之间的沟通与交流，推动我国露地蔬菜生产向“环境友好、资源节约、质量安全”的生态可持续方向转变，不断提高我国露地蔬菜生态技术水平，促进蔬菜生态行业健康持续发展。同时此次会议对我国露地生产生态施肥技术研究与创新具有重要的指导作用，并对我国露地蔬菜生产发展有着深远的影响。

第五届露地蔬菜生产生态施肥策略国际研讨会参会人员合影

（3）为社会服务。多年来学会结合北京市科学技术协会的科技套餐、科普下乡等，为北京郊区的“三农”做了大量的科技服务工作。可以说北京市农业中主要的粮、菜、瓜、果和经济作物，北京市除了城区的每个区县主要乡镇的重点村，北京土壤学会和会员单位基本都开展过服务工作。我重点说两个事。

①科技助力有机农业的发展。2004年受大兴区农村工作委员会委托，北京土壤学会秘

书长与北京市农林科学院植物营养与资源研究所循环农业研究室李吉进团队，在长子营镇留民营村生态农业基础上探讨有机蔬菜生产技术模式。在国内外充分调研的同时与北京装备中心的自动化工程师刘智合作，研发出“沼液滴灌自动化施肥系统与装备”，解决了“沼液滴灌施肥”这一世界性难题，并填补了国内空白。成果不仅实现了沼气工程沼液的资源化利用，还解决了有机农业生产中的追肥及使用技术问题。

2007年延庆区北菜园合作社将“沼液滴灌自动化施肥系统与装备”，在科技优化后引入园区的470亩温室大棚，定位于解决生产有机蔬菜的追肥问题。合作社严格按有机标准种植，积极试验利用沼液在蔬菜生产过程中进行追肥的使用效果。研究表明沼液在沼气池中经过充分发酵后，能为植物生长提供所需的各种水溶性养分，包括大量元素和微量元素以及各种水解氨基酸等，可保证有机农产品的安全，同时又减少沼气工程后沼液简单存放产生的环境污染，促进了有机农业的良性循环发展。这项技术为合作社有机农业发展提供了强有力的支持，也为北京市有机蔬菜的发展探索了一种全新的模式，目前这种模式在延庆区北菜园持续应用至今，而且已在北京及全国多地区广泛应用，均取得了明显的经济、社会、生态效益。

②科普提升农业生产水平。1998年我和我的同事吴玉光先生在大兴长子营镇认识了当时负责农业推广工作的吴宗智，他也是北京市科学技术协会科普工作的积极推动者，我们有一见如故的感觉，就农业科普与服务、农民对农业科技的渴望与需求等谈了很多，并从此建立了科技合作关系，直至今日已有20年。北京土壤学会在长子营做的第一件事，是联合研究所对全镇域的土壤养分和质量进行普查，并在土壤调查基础上制定土壤调理、科学施肥等一系列措施，规划建立农业示范区——以种植叶类蔬菜为主。二是联合北京蔬菜学会和北京植物病理学会等学会，结合北京市科学技术协会科技下乡和科普活动，在北京市科学技术协会大兴长子营基站每年春季、秋季分别系统开展科技培训，讲蔬菜育苗、栽培、土壤、肥料、施肥、病虫害防治、农产品质量等技术，同时将我们的系列科普书和叶菜优质生产的最新资料送给农民，科普过程中还与农民互动，让他们将生产中遇到的技术问题和市场销售上反馈的农产品问题带到培训交流会上讨论，还时常到农民种植地现场指导。这样不仅教会了农民，同时也提高了他们处理生产问题的能力与水平。现在的长子营，只要用心持续蔬菜生产5年以上的农民，可以说均是种植优质蔬菜高产高效的能手，种植一亩菜可净收入3 ~ 5万元。让我们看到了科普的作用与成效，科技与农业结合的成果。

3.学会未来发展

北京土壤学会已留下62年的历史足迹，从第一届开创到今天第十二届，满满的记载了区域土壤科学的发展与辉煌。这里有老一辈科学家对中国“菜园土”的发现与命名，丰富了我国农业土壤的内涵，更有新一代土壤科技工作者专著《北京土壤》填补国内空白的证明。北京土壤学会在北京市科学技术协会的领导和中国土壤学会及中国植物营养学会的业务指导下，经会员的奋进，取得了优秀的成绩，也为北京农业农村发展做出了贡献，学会的发展历程都一点一点地记录了下来，北京土壤科技的历史在一代一代的传承。面对新时代，北京土壤学会的发展与未来，我谈一点拙见。

（1）加强科普。

①人体健康与健康土壤。植物只有种植在健康的土壤中才能生产出高产优质的农产品，从而保证人类的食物需求和人体的安全与健康。首先，没有健康的土壤，要实现高产几乎是不可能的，要完成优质更是办不到的。大量试验表明，土壤的营养供给、生物平衡、物理结构等直接影响着土壤的健康，在极端气候下（如干旱、水涝等），在健康的土壤上生长的农作物受到的损害和影响相对较小，能维持相对较高的产量和品质，故人类的生存与生活质量的提高更依赖于土壤，它在直接和间接地影响着人体的健康。第二，健康的土壤可以生产出营养丰富的农产品。健康的土壤具有很强的生命力，拥有丰富且完整的食物链，不仅转化着各种养分，使之为植物利用，且相互依存，相互制约，表现出很强的土壤抑病性，从而在确保人类健康方面可以发挥重要作用。第三，防止土壤侵蚀与污染。通过鼓励全球范围内的政府、组织、团体和个人积极参与改善土壤健康的行动中，提升健康土壤的形象和影响力。土壤是万物之源，也是农业之本，在粮食安全和基本生态系统功能方面扮演着举足轻重的作用，没有健康的土壤，就没有人类的未来。

②科学施肥与提质增效。自从有了化肥，我国粮食产量大幅提升。以水稻为例，没有化肥时水稻亩产不足100千克，而施用化肥后，全国平均每亩水稻产量在500千克以上。根据全国肥料网试验测算，化肥对我国粮食产量的贡献达40%以上，因此化肥在我国粮食安全中发挥了不可替代的作用。然而，近三十年来，化肥大量或过量施用，在增产稳产的同时，也导致了不可否认的副作用，如资源浪费、水体富营养化等。所以，公众对化肥产生了负面认识，如化肥导致土壤酸化和板结，并开始过度放大这种负面作用，甚至于憎恨化肥，致使有的地方已提出无化肥镇、县和省等。禁止施用化肥非常不科学且不符合实际生产需求。

与其批评化肥，不如加强对人的约束，即如何高效合理施用化肥。应加强研究在稳产的前提下，采用综合技术提高养分利用率，提升农产品质量与效益。有机肥养分含量十分有限，很难满足作物产量或品质需求。化肥的主要功能是提供植物必需的营养元素，而有机肥的主要功能是通过改善土壤组成与结构，以便作物能更好地吸收这些营养元素。另外，有机肥使用也需控制一定量，过量施用对土壤和水体的负面影响可能比化肥还大。

③土壤污染防治与可持续发展。从2013年世界粮农组织大会将每年12月5日定为世界土壤日，土壤保护已成为一个全球性的问题。土壤污染通常无法通过视觉感知，也无法直接评估，因此成为一种隐藏的危险，会产生严重的后果。我国随着工业化、城镇化的加快推进，耕地数量减少、质量下降，水资源总量不足且分配不均。加之长期以来，农业高投入、高产出、高消耗，引发了严重的土壤过度开发、资源透支和农业面源与重金属污染等问题。土壤污染一方面通过损害植物代谢而减少作物产量，另一方面导致农产品无法安全食用，因此对粮食数量和食物质量安全构成了威胁，还直接危害生活在土壤中的微生物。当然，受到危险元素（如砷、铅、镉）、有机化学成分（如多氯联苯和多环芳烃）或药物（如抗生素或内分泌干扰素）污染的土壤也会对人体健康构成严重威胁。故深入开展土壤污染防治与可持续发展研究意义重大。

(2) 做好三个服务。

①为政府服务。随着政府职能的进一步转变，更好地发挥市场资源配置作用，把原政府直接提供的一部分公共服务事项，按一定方式和程序（科学安排、公开择优）交由具备条件的社会力量和事业单位承担，并由政府根据合同约定向其支付费用。未来学会承担政府科技委托和购买技术服务的内容将逐步增多，学会要培育学科优势、组织好社会资源、加强科技创新与诚信服务。高质量做好并完成每一个合同任务，提升学会社会认知度。

②为科技人员服务。如何将学会这个平台办成科技工作者之家，仍需认真研究几件事。一是学会要有科技吸引力，要能把握科技前沿动态。二是学会要成为科技人员的帮手，解决其自身难以解决的问题。三是学会要建设好科技工作者之家，当科技人员“渴了、饿了还有迷茫的时候，想到学会就会有回家的感觉”。

③为“三农”服务。土壤学是区域农业发展的基础学科，是农业腾飞的根基，北京土壤学会肩负着为北京农业、农村、农民科普服务、科技咨询、科技示范等作用。如何让农业插上科技的翅膀，让农村实现科技振兴，让农民早日完成科技致富，最关键的是如何让科学技术真正落地并实现其价值。“三农”工作是一个复杂的系统工程，首先要多学科协作，其次要有科技落地的一系列保障，第三要保障科研和生产的认知、认可与紧密合作。平谷区西营村北京金果丰果品产销专业合作社平谷大桃提质增效工作可以说是一个值得总结的案例。

(3) 探究科技评价。科技成果评价是科技成果转移转化的重要环节，过去一直由政府科技主管部门对科技成果进行鉴定。随着国家科技体制改革和政府职能转变，今后各级科技行政管理部门不得再自行组织科技成果评价，科技成果鉴定工作由委托方委托专业评价机构完成。科技成果评价转变为构建第三方专业机构为主导的评价体系，是我国科技成果评价机制和技术评价体系迈向社会化、市场化、专业化和科学化的质的跃变。这一举措有利于市场发展需求，将大大推动我国科技成果的转移转化，促进技术成果走向市场。因此，独立、公正、客观、规范的专业第三方评价服务平台与评价机构在全国应运而生。学会作为独立于政府、事业和企业之外的社会团体，开展第三方科技评价非常适宜。

第三方科技评价，可设计评价的内容包括人才、立项、结题、成果等。要开展好这项工作，必须探究具备第三方评价的资质认定，组建专家团队并建立专家库，制定好评价内容和范围，建立评价管理办法、标准等。开展科技成果评价是对科研成果的工作质量、学术水平、实际应用和成熟程度等予以客观、具体、恰当的评价，主要应从学术价值、经济效果和社会影响三个方面进行评判。在成果具体评价上，必须坚持科学性、客观性原则，分为理论性成果和应用性成果两种形式。对前者通过评审的方式进行评价，对后者用鉴定的方式进行评价。由于第三方评价机构具有“三个独立”的先天优势：机构独立、评价过程独立、独立承担责任，因而开展第三方技术评价，评价立场和结果更客观，评价方法更科学，评价体系更专业，也能更好地满足市场多元化、多层次科技成果评价和专利技术评估评价需求。但在区域和行业内的认可度和权威性培育仍需努力。

十五、全国测土配方施肥回顾

高祥照（全国农业技术推广服务中心）

2004—2012年我担任北京土壤学会副理事长，积极参加学会有关活动，从中也学到了不少土壤、肥料、环境方面的理论与实践知识，受益匪浅，特别是通过这个平台从老先生和同行身上学到了为土壤肥料无私奉献，为土肥科学事业发展精益求精、求真务实的优良学风。期间，我在农业农村部全国农业技术推广服务中心肥料处、土壤肥料处、节水农业处任处长。在部、司领导下，先后设立沃土工程、节水节肥节药和测土配方施肥，设计土壤有机质提升、耕地质量建设和旱作节水农业，开拓墒情监测、地膜覆盖和水肥一体化等重大项目，倡导发展功能肥料、商品有机肥和创建肥料配方师等。提出"形态、含量、助剂"肥料发展新理念，在全国推广配方、掺混、长效、缓释、控释、水溶及钾、硫、锌等新型肥料和肥料增效剂。由于工作内容多、范围广，不宜全面赘述，这里只把全国推广测土配方施肥工作做一简单回顾，以此纪念北京土壤学会成立62周年。

毛达如教授与高祥照合影

1.测土配方施肥项目的由来

2004年6月9日，国务院总理温家宝到湖北枝江考察，农民曾祥华向总理反映，现今国家政策很好，农村不仅取消了"三提五统"，农民种地还有补贴，就是发展太快了，都不知道如何施肥打药了。总理很高兴，指示这个问题由同行的农业部长杜青林同志解决。当天下午我就接到农业部种植业司陈萌山司长的指示，与土肥处副处长宁明辉同志一起去枝江调研指导农民科学施肥用药。我们当日连夜赶到了枝江，相关情况详见《农民日报》2004年6月18日第一版"村民向总理诉说难题之后"。

针对中央领导在湖北农村考察时的指示，迅速落实，并连夜提交报告，得到首长和有关各方好评，多家报刊、媒体进行了报道；枝江之行让我们深深体会到，曾祥华一家的事解决了，全国其他亿万农民怎么办？枝江县桑树河村一个地方的问题解决了，全国其他地方该怎么办？

2004年初，我们到黑龙江参加发展粮食生产督查指导1个多月，宣传贯彻中央1号文件精神，督查指导粮食生产，调研农技推广体系现状，撰写简报、报告10多篇，得到部督导办好评，特别是提出的实行粮食收购最低保护价的政策建议，得到国家认可，为随后的粮食连年增产作出了重要贡献。为了科学施肥，我们也有多年的技术积累、储备和模式探索，组织开展测试方法和仪器筛选、研究，设计的“3414肥料试验方法”“肥料肥效鉴定田间试验方法”，开展“全国肥料应用情况调查”，推进有机肥料、配方肥料推广，创建“肥料配方师”职业，引进国际平衡施肥和精准农业技术，集成测、配、产、供、施一体化服务模式等。世界银行、联合国粮农组织、联合国环发组织、国际肥料协会等国际机构邀请推荐我们到国际会议和多个国家讲授、推广相关技术和方法。2000年5月，石元春、毛达如等14位院士、专家提出“中国耕地重疾沉疴，实施沃土工程，刻不容缓”的建议，得到国家高度重视，时任总理朱镕基批示“请计委、农业部就‘沃土工程’计划起草文件，报国务院审批实施。”温家宝副总理批示“滥施化肥，重用轻养，导致耕地重疾沉疴、农产品质量下降和环境污染。科学家的呼吁应该引起我们的重视。科学施肥、多施农家肥，虽多年强调，但缺少有力措施，成就不大。请农业部、国家计委认真研究并提出意见。”由此催生了“沃土工程”立项，编制“全国沃土工程规划”并组织实施，成为全国土肥推广系统硬件建设的主要投入。为测土配方施肥的开展提供了良好的软件、硬件和社会需求、舆论基础。

学会副理事长高祥照到肥料厂考察

2.精心实施重大项目

我牵头组织“科技兴粮”重大技术推广——测土配方施肥专题调研，参加部里组织的建立发展粮食生产长效机制“发展粮食生产节本增效专题研究”，并完成了调研报告。同时抓住机遇，大力宣传，主动工作，组织有关专家研讨测土配方施肥工作，提出“关于加强测土配方施肥工作的建议”，协助毛达如老师准备全国人大提案，参加农业部、财政部组织的测土配方施肥项目方案设计调研，掀起测土配方施肥工作新高潮。精心组织，综合协调科研、教学、企业等相关单位、部门参加土肥工作，充分发挥桥梁纽带作用。在担任农业部测土配方施肥技术专家组秘书长、农业部科技入户测土配方施肥技术推广补贴项目首席专家期间，组织行业体系和专家工作、协调项目实施。

（1）积极争取测土配方施肥立项。制作了测土配方施肥系列宣传和技术培训电视片、光盘、教材，还制作电视连续剧“谁当家”，部长高度重视，特为连续剧题写片头。策划测土配方施肥主题实践活动，组织到河北三河为农民开展测土配方施肥服务，主管部长参加，更加深了有关方面对测土配方施肥的理解和支持。一年有十多份材料得到党中央、国务院领导批示，总书记要求科学施肥；总理要求帮农民测土配方施肥；副总理提出测土配方施肥是当前农业农村工作的亮点；财政部长认为测土配方施肥是投入少、效益大的好项目；农业部长更是高度重视，提出把测土配方施肥作为农业部重点工作来抓。基层干部群众更是大力欢迎、十分赞赏。

（2）认真组织测土配方施肥项目实施。先后在农业部“测土配方肥办公室”和全国农业技术推广服务中心组织协调相关单位，精心指导体系开展测土配方施肥工作。主持编制测土配方施肥技术方案与规程，撰写项目规划与计划。编写测土配方施肥行动工作方案、宣传方案，发出紧急通知，召开现场观摩、工作交流会，组织测土配方施肥标志性示范。向决策部门和领导提出一系列技术和政策建议，得到重视和采纳。倡导并设计采样调查信息化、测试化验批量化、浸提方法通用化、田间试验规范化、数据汇总网络化、配肥供应社会化、质量控制立体化，奠定了全国全新测土配方施肥技术体系，促进测土配方施肥工作再上新台阶。

（3）主持策划设计编制《测土配方施肥技术挂图》，印发10万份，农民日报转发100万份；撰写《测土配方施肥技术》《测土配方施肥技术问答》等技术指导书籍多次重印，发行2万多册，被作为测土配方施肥教材；主持编写测土配方施肥规划，组织测土配方施肥试点补贴项目实施方案起草和资金管理办法的制定，推进测土配方施肥工作全面实施。开展测土配方施肥工作调研，检查指导项目实施，利用周末深入边远地区培训技术骨干，每年讲课数十次，培训万余人。部领导表扬工作做得好，能干大事业。

（4）制定测土配方施肥深入开展系统方案，推动长效机制的建立。撰写、审订培训教材、技术报告和技术资料等100多万字。召开由100多家企业和各方代表参加的测土配方施肥研讨会，组织企业参加测土配方施肥工作，调动了企业和社会各界参与测土配方施肥的积极性。更加增强了农业部和全国农业技术推广服务中心在肥料行业中的凝聚力和影响力。为加快推广测土配方施肥，组织开展技术培训，我们编写了《测土配方施肥项目管理与技术培训教材》，担当技术指导并讲课。组织测土配方施肥现场观摩，建立施肥指标体系和试点，召开测土配方施肥技术研讨会，统一工作思路、规范技术方法，提高产、

学会副理事长高祥照（前排蓝色衣服者）向领导汇报测土配方施肥成效

建设社会主义新农村书系·挂图系列

测土配方施肥技术 挂图

科学施肥 提高产量 改善品质 减轻污染 节约肥料 增加收入

要到正规肥料公司或配肥站
购买和配制肥料，谨防假冒
一看证照、二识包装、三要发票

购买含尿素的复混肥时，缩二脲含量不能太高
不要使用既含氯化钾又含氯化铵的高氯复混肥
发现质量问题，请马上举报

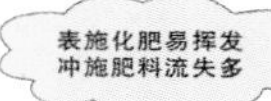

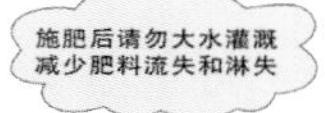

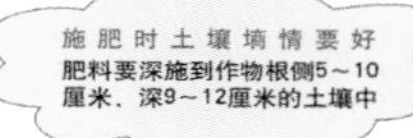

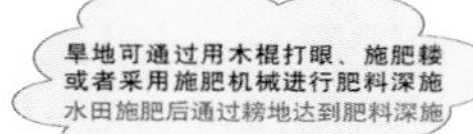

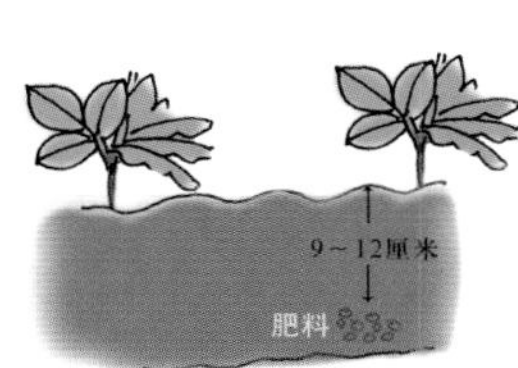

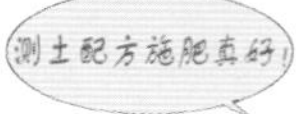

主要农作物每亩推荐施肥量和施肥时期参考表*

作物	底肥（用专用配方肥或按以下方法施肥）	追肥一			追肥二			追肥三		
		时期	品种	用量	时期	品种	用量	时期	品种	用量
冬小麦	尿素4-5千克、磷酸二铵18-20千克、氯化钾5-8千克	返青期	尿素	5千克	拔节期	尿素	10千克	灌浆初期开始喷两次，每次隔7天左右	磷酸二氢钾溶液	浓度0.2%
春小麦	尿素5千克、磷酸二铵20千克、氯化钾5-8千克	拔节期	尿素	10-13千克				灌浆初期开始喷两次，每次隔7天左右	磷酸二氢钾溶液	浓度0.2%
单季稻	尿素8-10千克、过磷酸钙25-50千克、氯化钾8-10千克、硫酸锌1-2千克	分蘖期	尿素	5-8千克	孕穗期	尿素	8-10千克	抽穗期	尿素	3-5千克
早稻	尿素8-10千克、过磷酸钙38-50千克、氯化钾10-13千克、硫酸锌1-2千克	分蘖期	尿素	5-8千克	孕穗期	尿素	5-8千克	抽穗期	尿素	0-3千克
晚稻	尿素8-10千克、过磷酸钙25千克、氯化钾10-13千克、硫酸锌1-2千克	分蘖期	尿素	5-8千克	孕穗期	尿素	8-10千克	抽穗期	尿素	3-5千克
春玉米	尿素5千克、磷酸二铵15-20千克、氯化钾20千克、硫酸锌1-2千克	苗期	尿素	5千克	大喇叭口期	尿素	15-20千克	抽雄期	尿素	3-5千克
夏玉米	种肥，磷酸二铵3-5千克、氯化钾5千克、硫酸锌1-2千克、硫酸锰1-2千克（要与种子分开）	苗期	尿素	5-10千克	大喇叭口期	尿素	20-25千克	抽雄期	尿素	3-5千克
大豆	种肥，过磷酸钙10千克或磷酸二铵5千克（要与种子分开）1%钼酸铵溶液拌种（每亩用0.5千克溶液拌种），根瘤菌剂适量	初花期	尿素	5-8千克				结荚期喷施一次	磷酸二氢钾溶液	浓度0.2%
普通棉花	油渣75-100千克或农家肥2-3吨，尿素10千克，磷酸二铵20-25千克，硫酸钾5-8千克	蕾期（头水前）	尿素	5-8千克	花铃期（二水前）	尿素	13-15千克			
抗虫棉花				8-10千克			10-13千克			

*此表为参考用量，具体施肥量和施肥时期要因地制宜，以当地农技部门测土施肥推荐为准

农业部
种植业管理司
科技教育司
全国农业技术推广服务中心
编制

中国农业出版社出版
统一书号：16109·5361
定价：2.00元

《测土配方施肥技术挂图》

学、研等各界的认识，同心协力做好测土配方施肥工作。组织专家组全体会议5次，修订技术规范，开展技术研讨。主编《土壤分析技术规范》，积极推进测试方法改进和新技术应用。

3.全面推广测土配方施肥成果

积极参加部里和中心重点工作，如组织测土配方施肥科技下乡，组织肥料双交会，协助开展测土配方施肥展览等。

高祥照（右二）与袁隆平院士（右一）一同考察水稻种植情况

2007年全国测土配方施肥实施区域、覆盖作物进一步扩大，技术要求进一步提高，长效机制的建立更加迫切。为此，一是修订技术规范。建立指导施肥指标体系和专家咨询系统，协调专家技术组工作，开展新技术研讨，设计测土配方施肥深入开展技术路线，指导汇总应用，牢牢把握技术方向；二是强化技术培训，筹备、组织测土配方施肥管理和技术培训。编写教材，组织讲课，审定发言材料，汇总各地问题、建议，解答技术问题、难点。

举办测土配方施肥技术培训

举办技术培训和研讨6次，讲课、答疑，培训各级技术人员700多人；三是探索长效机制，深入调研，设计测土配方施肥长期开展的措施和条件。

为了巩固测土配方施肥成果。一是指导建立科学施肥技术体系。针对经济作物科学施肥基础薄弱的问题，组织开展蔬菜、水果等经济作物测土配方施肥技术研究，编制指导意见；研发农户施肥情况调测数据管理系统；研究建立施肥指标体系方法；指导测土配方施肥技术成果总结，不断提高科学施肥技术水平。二是开展多种形式的技术培训，共举办各类技术研讨会和培训班4次，培训各级技术人员500多人，组织举办肥料配方师职业技能培训与鉴定5期，培训鉴定肥料配方师近300人。三是重点抓好测土配方施肥关键技术指导，力保项目不断增长和可持续发展。项目资金从9亿元增加到15亿元，项目县区从1 200个增加到2 498个，实施面积从6.4亿亩扩大到9亿亩，实施作物从以粮为主扩展到经济作物。

任期测土配方施肥累计投入近百亿元，推广60多亿亩（获全国测土配方施肥先进个人），目前在全国每年推广应用10多亿亩，占作物播种面积90%以上，为化肥零增长的实现打下了坚实的技术和工作基础，为了普及配方施肥技术提出将技术物化到农资产品中，用“一袋肥”（配方肥）将复杂的科学施肥技术物化给农民。测土配方施肥积极推动了复混肥、配方肥、专用肥、抗旱剂、保水剂、秸秆腐熟剂、商品有机肥、缓控释肥等新型肥料在我国的开发研究和推广应用（相关研究获国家科技进步二等奖1项、专利2项）；推动我国商品有机肥、缓控释肥料等从无到有，目前产用量已居世界第一；大幅度提高科学施肥技术水平，解放了劳动生产力，同时引领我国肥料产业的技术提升与快速发展。

十六、积极推进土壤肥料产业科技创新

王旭（中国农业科学院农业资源与农业区划研究所）

1.土肥产业联盟

我是中国农科院资源区划所的研究员、北京土壤学会副理事长，多年从事土壤肥料的研发与质量管理等工作，目睹了21世纪以来，我国农业农村经济发展成就显著，技术装备水平不断提高，农业资源利用水平稳步提升，资源环境保护与生态建设支持力度不断加大，农业可持续发展取得了积极进展。同时看到，由于农业资源过度开发、农业投入品过量使用、地下水超采以及农业内外源污染相互叠加等带来的一系列问题，使得当前我国农业发展面临资源约束日益趋紧、环境污染问题突出的双重压力。

为更好地发挥产学研用联合的整体优势，加快土壤肥料产业发展，在有关部委的指导和支持下，我牵头设计策划，业内企业和技术机构发起成立了土壤肥料产业联盟（以下简称“联盟”）。联盟是由企业按照市场规则自发组建的非营利性组织，积极参与有关技术标准、认证制度、规范及服务标准等制定，最大限度地整合各类资源，促进产业资源有效利用，避免低水平重复建设。

联盟以我国农业生产需求和耕地生态环境可持续发展为主旨，依托国家农业科研、推广平台，围绕土壤肥料产业整合式创新发展种植业—养殖业生产、经营和服务体系，将未来工作着力点落在耕地养护、肥料控施、农业废弃物资源利用等方面，为发展新型农业产业贡献力量。

联盟的主要任务是整合各类优势资源，建立推动土壤肥料产业整体发展的开放平台，完善产业技术标准，共同研发土壤肥料新技术、新产品、新方案、新模式，共享技术成果，促进我国科学施肥和耕地养护工作不断发展。要坚持精诚合作的原则，促进联盟成员单位间的信息共享、技术交流和联合攻坚，同时要搞好与国内外相关组织和企业的全方位、多形式的技术交流与合作。不断扩大联盟对我国土壤肥料产业健康发展的影响力和带动力，并努力将联盟打造成我国农业界产业协作联盟的典范，全面提升我国土壤肥料产业整体技术水平和全球竞争力。

2016年2月27日，土壤肥料产业联盟成立大会在北京国际会议中心举行。农业部、全国人民代表大会环境与资源保护委员会、国土资源部门、环保部门、国家标准化管理部门，以及中国植物营养和肥料学会、中国土壤学会、中国石油和化学联合会所属协会等多部门领导、专家，与300多位联盟成员代表共同见证了这一贯穿整个农业产业链的行业组织诞生的隆重时刻。

土壤肥料产业联盟成立大会

2016年5月30日，土壤肥料产业联盟第一届第一次常务理事大会在北京香山饭店召开，共有22家联盟常务理事单位和受邀的9家理事单位代表参加会议。会议表决通过了联盟章程细则，选举产生了监事会成员和副秘书长，就新申请入盟的7家企业进行了投票表决，并围绕联盟下一步工作计划进行了充分讨论。会议同期举行了产业发展CEO沙龙，代表们围绕标准化工作、废弃物资源利用、土壤改良等主题畅所欲言，一致认为应重视行业规范和标准化工作，积极推进区域资源优化利用。同时，联盟应从区域需求调研、物流、销售、技术服务、产品供给以及信贷、保险、法规政策等农业产业链角度，形成整体工作方案，为联盟项目的开展和有关部门的决策提供支持。

王旭（右六）参加土壤肥料产业联盟第一届第一次常务理事大会

2.建言献策

2017 年2月农业服务供给侧创新与土壤肥料论坛和土壤肥料产业联盟（SFAC）年会在广东汕头召开。成员大会上，秘书长王旭总结了2016年联盟的运行情况，分别围绕联盟的体系建设、标准研究工作、区域调研与实践3个方面进行了总结，并提出2017年联盟将从产业问题解决方案、农业产业区域性服务模式与创新机制等方面进行研究和探索。

在联盟召开了农业服务供给侧创新与土壤肥料论坛。论坛上农业部农村经济研究中心宋洪远主任、中国社会科学院李国祥研究员、中国植物营养与肥料学会白由路理事长、奥特奇中国销售与新业务发展总经理Ian Lahiffe（爱尔兰）、广西农业科学院甘蔗研究所谭宏

土壤肥料产业联盟第一届第二次理事成员大会合影

伟所长等专家就农业供给侧创新与绿色发展、新常态下中国农业投资环境和机遇、农化服务手段创新与肥料产业发展、清洁养殖促进生态安全和土壤健康、农业废弃物资源利用与农业产业发展创新模式分别作了报告。另外，围绕农业供给侧与绿色发展、农业金融投资新机遇、农业服务创新模式等主题，对嘉宾进行了访谈。在农业供给侧改革的背景下，企业的优势技术和服务模式将是其立足于市场的基石，因此，会议同期举办了联盟模式创新论坛，共有14家企业代表作了精彩发言，“整县制第三方服务的创新与实践”“智能自助加肥站 —占领未来”“高效生物（改土）技术促进传统肥料转型升级”“土壤调理修复技术的发展与创新”“颠覆性有机废弃物就地制肥技术”等业绩展示报告均突显出联盟企业在农业供给侧创新服务中的生命力，对改变农业发展面临的困局、突破资源环境硬性约束、实现绿色发展具有重要意义。

2017 年 3 月，通过人大代表发声，在 2017 年全国两会上提交提案为推动农业产业链健康发展，联盟委托全国人大代表在2017年两会上提交了3个提案，分别是“关于建立海藻肥料质量标准，以政策法规提升海藻资源农用价值的建议”“关于推动土壤调理剂产业发展，施行改良效果责任追溯的建议”和“禁止滥用草甘膦除草剂，推广生物环保除草技术的建议”。3个提案的提出对海藻资源农用、土壤调理剂改良效果追溯、土壤污染和粮食安全等问题提出了解决方案。其中，土壤调理剂的产业发展建议由内蒙古农牧业科学院资源环境与检测技术研究所所长姚一萍在两会上提出，她指出在耕地地力保护与提升、化学肥料减施、高效施用技术、废弃物资源化利用、土壤污染修复等方面，应支持土壤调理剂产学研用协同攻关，实施相关重大科技工程。同时，应建立土壤改良效果责任追溯制度，保证投入和产出达到科学、实效的要求。另外，应进一步完善技术标准体系，研究制定或修订土壤调理剂的相关检验方法、安全评价和应用技术的规范等，为土壤调理剂企业的规范发展提供依据。

3. 专题调研

（1）2016年4月23 ～ 25日，土壤肥料产业联盟（SFAC）在四川召开“酸性土壤改良区域试验及市场需求现场交流会”，常务理事单位代表以及涉及土壤调理剂生产的理事单位代表一行40余人，走访了成都华宏生物科技有限公司、成都新朝阳作物科学有限公

土壤肥料产业联盟在四川调研

司、成都天杰有机农业发展有限公司及推广示范基地，跟踪区域化障碍土壤改良综合技术方案所取得的成效，了解相关土壤调理剂产品市场需求，以及种植大户在施肥模式和耕地养护服务等方面的实际需求。此次交流会采取基层企业实地走访方式，为群体发力寻找方向。三家公司凭借各自技术、研发、水溶肥产品等自身优势，开展了废弃物资源利用、创新农化服务模式、土壤修复等工作，延伸着优化农产品质量和效益的整合理念。希望通过联盟平台，进行优势整合，联手发展，不断探索推进向现代化农业转变的创新模式。

（2）2016年9月4～8日，由土壤肥料产业联盟组织召开的“云南现场交流会”顺利召开，19家联盟成员代表参加了本次会议。参会代表现场考察了大理小河淌水生物科技有限公司果蔬试验点、宾川高原有机农业开发有限公司有机咖啡种植基地、云南福发生物科技有限公司秸秆处理基地、安琪酵母股份有限公司花卉试验点、仲元（北京）绿色生物技术开发有限公司与云南农大合作的均衡施肥石林“三七”示范点，并就我国土壤改良、化肥减施及废弃物资源综合利用相结合的创新模式等内容进行了交流。目前，我国农业正从传统的“资源—产品—废弃物”的线性生产方式向“资源—产品—废弃物—再生资源”的循环农业方式转变。在循环农业中，废弃物的资源化利用是这个循环非常重要的环节，尤以畜禽粪便的无害化处理和资源化利用最为关键。通过此次调研了解的实际情况和问题，与会代表认为农业废弃物利用技术需通过相关部门和不同体系协作配合，结合水肥管理和种植管理技术，高效利用现有资源，实现我国农业废弃物利用规模化、标准化，为我国循环农业发展贡献一份力量。

土壤肥料产业联盟在云南召开现场交流会

（3）2016年12月5日，由中国农学会农业分析测试与耕地质量评估分会与土壤肥料产业联盟联合举办的“农业废弃物利用与耕地质量提升专题论坛”在南京国际会议大酒店召开。在本次专题论坛上，来自科研单位、高校及企业等部门的九位专家围绕农业废弃物利用与耕地质量提升与参会代表进行了交流。“农业废弃物资源利用产业驱动发展实践”“农村分散式秸秆清洁化收集与生物发酵一体化”“东北黑土肥力提升与玉米秸秆还田技术”“微生物在粪便处理中的利用”“畜禽粪污及微量元素生态链的构建”“作物秸秆及有机废弃物资源利用的实践与体会”“农业废弃物无害化处理技术与装备解决方案”“秸秆还田快速腐熟技术——仲元模式”“畜禽粪便无害化资源化利用”等报告精彩纷呈，专家们以提升耕地质量、减少环境污染为出发点，针对种植业和养殖业产生的秸秆与畜禽粪污，探索出废弃物资源优化、安全利用的循环经济模式。

农业废弃物利用与耕地质量提升专题论坛会现场

（4）2016年5月6日，由土壤肥料产业联盟与国家化肥质量监督检验中心（北京）组织的肥料中海藻酸、壳聚糖测定方法技术交流会在山东青岛召开。青岛海大生物集团有限公司、青岛明月蓝海生物科技有限公司、北京雷力海洋生物新产业股份有限公司等拥有相关产品的企业代表30余人参加了会议。中国科学院海洋研究所李鹏程研究员、农业部中国水产科学院黄海水产研究所冷凯良高级工程师、中国海洋大学食品科学与工程学院王鹏副教授、河南省农业科学院植物营养与资源环境研究所孙克刚研究员等专家应邀参加会议并予以指导。会上，联盟秘书处汇报了海藻酸和壳聚糖的测定方法研究进展，介绍了已经完

肥料中海藻酸、壳聚糖测定方法技术交流会现场

成的海藻酸和壳聚糖的检测方法研究工作，并提出下一步的标准研究方案。中国海洋大学和青岛海大生物集团有限公司也就海藻酸、壳聚糖的测定方法研究工作进行了汇报，并得到与会代表的认可。海藻酸与壳聚糖检测方法的制定为有机水溶肥料发展提供了技术支持，对规范有机水溶肥料市场和促进海洋资源的利用有着重要的意义。

（5）尿素硝酸铵溶液作为一种节能高效的液体肥料，氮肥行业“十三五”规划提出：尿素硝酸铵溶液的产能要达到800万吨，但是在我国由于施肥技术、运输、储运等问题的限制，2015年我国的产能仅为180万吨。如何在我国快速推动尿素硝酸铵溶液的发展？

由中国氮肥工业协会与中国农业科学院农业资源与农业区划研究所、尿素硝酸铵溶液生产企业联合发起尿素硝酸铵溶液试验示范推广项目，由中国农科院农业资源与农业区划研究所联合14家科研院所、推广机构于2016年开始承担并实施该项目。该项目涉及棉花、马铃薯、玉米、水稻4种作物，在新疆、内蒙古、山东、安徽、河南、河北、湖南、四川8个省（自治区）共布置了11个小区试验和23个示范试验，同时研究了模拟条件下的尿素硝酸铵溶液作用机理及效果。2016年9月14日，由土壤肥料产业联盟协助组织的尿素硝酸铵溶液（UAN）马铃薯试验示范推广及交流会在内蒙古召开。土壤肥料相关专家、尿素硝酸铵溶液生产企业负责人、试验协作单位代表、种植大户、土壤肥料产业联盟代表和液体肥料产业技术创新联盟代表等近100人实地观摩了内蒙古武川县马铃薯试验基地。全国农业技术推广服务中心农业节水处杜森处长、内蒙古农牧业科学院白晨副院长、内蒙古自治区土壤肥料和节水农业工作站郑海春站长莅临指导。

尿素硝酸铵溶液试验示范推广项目现场会参会人员合影

2016年底，基本完成了尿素硝酸铵溶液试验示范推广项目的第一阶段。小区试验结果表明：尿素硝酸铵溶液与等氮量尿素比较，作物产量基本持平的有3个，显著提高的有8个；示范试验结果表明：施用UAN与等氮量尿素比较，作物产量基本持平的有3个，显著提高作物产量的有20个。在新疆和内蒙古，滴灌技术相对成熟，应用面积也相对较大，尿素硝酸铵溶液在棉花和马铃薯上的增产效果显著。在山东、河北、河南等玉米种植区施用尿素硝酸铵溶液，主要靠人工喷施，需要尽快筛选出配套的施肥机械。而在安徽、四川和湖南的水稻，尿素硝酸铵溶液的增产效果显著，施用方式主要为冲施、浇施和喷施，如何轻简化施用是今后需要重点解决的问题。

十七、北京土壤学会促进了有机肥生产

贾小红（北京市土肥工作站）

有机肥在我国农业生产中发挥了重要作用，保证了我国农业的经久不衰。北京土壤学会会员在有机肥使用方面做了大量的研究与示范推广工作，尤其在全国重视生态文明建设的当代，北京更加重视有机肥加工使用技术的开发与应用，学会会员的许多成果处在全国前列，如《城镇垃圾农用控制标准》(GB 8172—87)、《畜禽粪便堆肥技术规范》(MY/T 3442—2019)，有机肥补贴推广政策等，引领我国有机肥行业的发展。

1.开发有机肥肥源，控制有机质质量

北京施用有机肥的历史比较久远，最早主要用于蔬菜、花卉等经济作物上。中华人民共和国成立初期，北京地区选用肥料遵循都市废物利用、来源丰富、价格低廉的原则，时称“有机杂肥”。主要种类有：粪肥类包括人粪尿、人粪干、马粪、鸡粪、猪粪、羊粪等；蹄角肥类包括羊蹄壳、马蹄片（马掌）等；骨肥类包括骨粉、骨铇花（做骨牙刷把时铇下来的碎片）等；豆饼渣肥类包括豆饼、麻子饼、棉籽饼、花生饼、芝麻酱渣等；皮毛肥类包括猪毛、鸡毛、皮条、皮里等；垃圾类包括炉灰渣、草木灰、街土等；其他有机肥如河沟黑泥、苇塘草根、土炕洞土等。城近郊菜区大多拉运城市的人粪尿，晒成大粪干或利用粪尿混合的粪稀肥田。施肥的方法：可分为基肥和追肥。追肥的时间是在蔬菜生长最盛时期，即黄瓜、番茄等果实生长最快的时候，即追肥的适宜时间。北京土壤学会的会员指导菜农、花农开发有机肥新品种，科学使用有机肥。

20世纪70年代城市发展，城区水冲厕所逐渐增加，粪便全部改为水肥（粪便加污水），环卫部门组织掏挖粪便，直接送到菜田粪池，经发酵后随浇水灌入菜田；同期，运菜马车被汽车取代，郊区饲养大牲畜逐渐减少，导致马粪肥减少，菜田大量应用城市粪稀、煤灰与炉渣。1973年2月，北京市农业局为市委领导提供的“蔬菜生产情况”材料中，就生产中存在的问题指出，“城市垃圾下乡，支援了农业。但是炉灰多，多年大量施用，对土壤有破坏作用。据海淀区农业局在玉渊潭公社调查：炉灰碱性较强，与粪稀拌在一起堆肥，反而使粪稀中的速效氮含量损失21%；各种垃圾都往农村拉，其中砖头、炉渣、煤核、碎玻璃、石头、沙子等大于1毫米的颗粒占44.6%，破坏了土壤结构，土壤里的黏粒含量减少了，石、渣等含量增加，土壤质地变粗了，造成漏水、露肥，不耐旱也不耐涝。”发展下去对近郊蔬菜生产不利。针对这一生产难题，北京土壤学会的金维续研究员、赵踪高级农艺师、孟凡良农艺师等人制订了《城镇垃圾农用控制标准》(GB 8172—87)，对城镇垃圾农用提出了标准要求，现在一直在垃圾堆肥使用管控方面发挥着重要作用。

20世纪80年代，京郊大力发展养殖业，产生大量畜禽粪，菜农们收购粪便，在地头把畜禽粪便与作物秸秆掺混进行高温堆肥，市农业局组织全市开展积极造肥运动，北京土壤

学会会员下乡提供技术支撑，为当时丰富市民的菜篮子提供一定的有机肥资源。

北京市农业局在全市范围内推广沼气工程，北京土壤学会的会员指导大兴县留民营镇、房山区窦店镇等地建设沼气池，沼气供农民生活使用，沼渣、沼液用于作物追肥。

2.工厂化加工有机肥探索

20世纪80年代末期，农民施用的有机肥主要还是田间地头的人工高温堆肥，但也有一些机构开始工厂加工有机肥的探索。

北京市傣伯鸡厂、峪口鸡厂等单位，采用膨化工艺处理鸡粪，工厂化生产商品有机肥。由于设备简单、加工效率高，1990年前后全市已有二十多家养鸡场建设了膨化鸡粪加工厂，膨化鸡粪在蔬菜、果树上开始应用。但由于膨化鸡粪加工过程臭味比较大，生产环境恶劣；鸡粪也没有完全腐熟，应用于设施农业时有烧苗现象，1995年前后全市膨化鸡粪加工厂已全部被淘汰。1986年北京土壤学会会员白纲义在房山区良乡镇建设了高塔工艺加工有机肥示范场，利用人粪尿、畜禽粪便加工有机肥。由于加工成本比较高，产品销售不出去，导致停产。

1995年，北京市土肥工作站为提高商品有机肥生产水平，为全市土壤改良与作物提供优质有机肥源，从湖北引进从事有机肥加工设计的人才，成立北京农乐公司，在全市进行工厂化处理畜禽粪便加工有机肥技术的开发与推广。吴建繁、贾小红等会员先后在密云县西田各庄镇、北庄镇，顺义县张喜庄，昌平县南口镇，大兴县礼贤镇，北京农业职业技术学院，大兴县凤河营村，怀柔县北房镇，房山区城关镇，大兴县南各庄镇等地建设有机肥加工示范厂。示范厂多采用塔式、槽式发酵工艺，处理原料以鸡粪、猪粪、牛粪为主。北京土壤学会副理事长贾小红主持的课题“优质有机肥加工使用技术的示范推广”获农业部丰收二等奖。贾小红主编的专著《有机肥加工与施用》出版，深受农民和有机肥生产企业欢迎，先后印刷十多次，促进了有机肥加工使用技术的普及。

北京市农林科学院植物营养与资源研究所在大兴县留民营镇指导建设有机肥加工示范厂，采用槽式发酵工艺，处理原料主要是鸡粪与沼渣。

中国农业科学院土壤肥料研究所指导顺义县北郎中村建设有机肥示范厂，采用滚筒式发酵工艺，处理原料主要是猪粪。

当时有些企业也在京郊建设有机肥厂，如北京美施美生物技术有限公司在顺义县牛栏山镇、傣伯乡建设了采用槽式发酵工艺，处理原料主要是鸡粪。北京嘉博文生物技术公司在怀柔县喇叭沟门满族乡建设有机肥厂，采用槽式发酵工艺，处理原料主要是鸡粪与沼渣。北京德圃园生物科技有限公司在通县于家务村建设有机肥加工厂，采用槽式发酵工艺，处理原料主要是鸡粪、猪粪和人粪尿。

到2005年，全市已建设商品化加工有机肥厂30多家，规模较大的有机肥厂有北京美施美生物科技有限公司、北京一特有机肥厂、中轻科林环境技术中心和北京市鑫兴瀚尧农林生物技术有限责任公司等。由于商品有机肥加工生产周期比较长、生产用工比较多，北京商品有机肥生产成本每吨400元左右，农民购买不起，农民更愿意使用化肥，再加上河北、天津等地的有机肥厂原料、用工便宜，运到北京的销售价格低于北京有机肥厂的生产成本，所以北京市大多数有机肥加工厂基本处于停产状态。蔬菜、果树生产中，一般有使用有机肥习惯，农民大都是自己收购一些鸡粪、牛粪、猪粪，在地头堆肥，施入田间，有些农户甚至使用鲜粪直接进田。一些种植大户或种植企业用商品有机肥，但主要是河北提供的膨化鸡粪、羊粪和发酵有机肥。外地肥料价格相对较低，但质量参差不齐。

3.补贴推广有机肥带动了北京有机肥产业的发展

2005年，针对北京市畜禽养殖场粪便利用率低、污染环境、农民不愿用商品有机肥、北京有机肥加工厂产品卖不出去等问题，贾小红副理事长向北京市财政局提出补贴推广有机肥建议，申请并主持实施了“有机肥培肥地力示范工程”。从2006年开始，市财政每年拿出2 000万元，农民使用有机肥每吨补贴250元，农民自己付150元，每年在全市补贴推广有机肥8万吨。该项目的实施，一是带动了农民使用商品有机肥的积极性；二是解决了北京市商品有机肥加工厂产品销售不出去的难题，提高了北京市有机肥厂处理畜禽粪便、作物秸秆的积极性，加快这些农业废弃物处理。“有机肥培肥地力示范工程”实施到2009年，由于社会、生态、经济效益明显，深受广大农民与有机肥加工厂的欢迎，北京市农业局在制订的《北京市都市现代农业基础建设及综合开发项目规划》中把补贴推广有机肥、提升耕地质量作为重要内容。从2009年开始，每年新实施30万亩地，每亩补贴推广有机肥500千克，共对全市120万亩农田连续实施4年补贴推广有机肥的施用。每吨有机肥送到农户600元，农民付120元，政府补贴480元，共发放补贴9个多亿，累计推广商品有机肥300多万吨，推广面积达410万亩。

随着补贴力度的加大，极大地促进了北京市有机肥厂的建设，除了原来的有机肥企业外，新出现许多私人投资建设的商品有机肥加工厂。共有30多个厂家参与了北京市土肥工作站组织的有机肥招标，中标企业大都是市内企业，极大地促进了本市畜禽粪便、作物秸秆、食用菌渣等农业废弃物的无害化肥料利用。

与此同时，北京土壤学会会员在有机肥领域做了大量的技术研发，促进有机肥产业的发展。会员李季、李国学教授针对农业废弃物量大、循环率低和污染重等问题，2001年以来，在国家各类科技项目支持下，创新研发出高效堆肥接种剂、污染气体原位减控、发酵系统与装备及肥料加工等核心技术，构建了工厂化生产技术体系；采取搭平台、建联盟、组网络等方式整合资源，强化组织措施；构建出创机制、定标准、立标杆、强培训、重宣传全方位推广模式，上下联动推动成果大范围应用。累计在23个省市550余家企业新建或改扩建400余座连续动态槽式和200余台（套）密闭筒仓反应器堆肥系统，产生经济效益338.8亿元；推广菌剂8 000余吨，市场份额达20%；助推了广东温氏润田、河北根力多、广西金穗、云南云叶等标杆有机肥企业发展；消纳农业废弃物8 548万吨，减排污染气体达36.3万吨；生产销售各类有机肥2 849万吨，覆盖面积达2.6亿亩，替代化肥22%；累计培训3.5万人次，取得了显著的经济、社会和生态环境效益，促进了我国有机肥料产业发展。《有机肥料工厂化生产技术装备研发与推广应用》获2019年农业农村部丰收一等奖。会员张树清、李兆君研究员，长期从事畜禽粪便中抗生素控制方面的研究，调查了京郊及全国畜禽粪便中抗生素的含量，研究不同有机肥处理工艺对抗生素降解程度，研究制订畜禽粪便和土壤中抗生素的检测标准，为我国有机肥中抗生素的控制提供了技术支撑。

4.有机肥加工使用管理再上新台阶

2016年以后，国家加大环境治理的力度。国务院2016年发布《关于印发土壤污染防治行动计划的通知》（国发〔2016〕31号），农业部也出台了《化肥零增长行动方案》，要求京津冀地区2019年实现化肥零增长。这些政策出台为有机肥的加工使用创造了条件，同时也为有机肥加工使用与管理提出更高的要求。

在加工方面，对有机肥厂建设、生产提出更高要求。首先有机肥建设列入限制发展行业目录，不批准建设新的有机肥厂，后来在有机肥企业和北京土壤学会领导的呼吁下，对有机肥企业建设一事一议，可以批准建设新的有机肥厂，但要求进行环评以后再能批准。对原来有机肥的生产也提出更高要求，一是要求进行环评；二是生产必须在封闭的车间进行，许多区要求有机肥厂对发酵产生的尾气进行收集处理。有的区对有机肥企业要求更为严格，要求关闭或搬到外地。加强管理，一方面促进了有机肥厂生产水平的提高，另一方面也增加了有机肥生产的难度与生产成本，限制了北京地区有机肥厂的发展。

在使用方面，农业部化肥零增长行动的主要手段就是用有机肥替代一部分化肥，为此农业部在2017年开展了“果菜茶有机肥替代化肥行动”和“畜禽粪污资源化利用行动”，鼓励施用有机肥，减少化肥施用。学会副理事长贾小红从2014开始主持研究不同种类有机肥在不同土壤质地、不同生产条件（露地和保护设施）下的矿化参数，建立有机肥定量推荐模型，根据不同种类有机肥当季矿化出氮磷钾养分量，替代化肥氮磷钾养分的量，在全市示范推广，提高了北京市有机肥定量替代化肥的水平，并要求参与使用补贴有机肥种植基地与农户，每施用1吨商品有机肥，减少化肥投入（纯养分）5千克以上。

以前补贴推广有机肥，主要采用招标有机肥方法，无法限制外地厂家向北京输送有机肥，增加了北京地区有机废弃物承载力。另外，招标手续烦琐，影响供肥的时间，耽误农时。学会副理事长贾小红主持制订补贴推广有机肥工作机制，制订了《北京市推广应用有机肥工作方案》，以财政局和农业局联合发文（政农发〔2019〕83号），把补贴推广有机肥操作过程以政策文件形式确定下来，主要是各区通过筛选当地企业建立本区的供肥企业目录，农民自愿选择企业购买补贴的有机肥，提高了工作效率与肥料质量，也极大促进了当地企业处理当地废弃物，向当地农民与种植企业供肥，有利当地农业废弃物无害化肥料化利用，也减少有机肥长途运输对能源的消耗，为我国补贴推广有机肥进行了政策上的创新。

北京市有机肥企业发展受到限制，北京土壤学会副理事长刘宝存受北京市农村工作委员会的委托，主持对北京市各种有机废弃物无害化资源化利用状况进行了调研，针对北京市对肥料厂建设控制标准比较高的现状，提出各区建设农业废弃物处理中心的建议，为北京市处理农业废弃物提供形式与技术工艺等方面的探索。

十八、北京土壤学会历史回顾

徐振同（北京市丰台区农业科学研究所）

1.土壤普查及分类

1979年全国第二次土壤普查，由北京市农林科学院刘立伦、沈汉、王关禄、张有山、张国志等专家组成北京地区土壤普查技术领导小组，当时中国科学院南京土壤所杜国华、王浩清、周明枞，作为专家组指导北京的普查工作。北京农业大学（现中国农业大学）林培教授亲自授课，通过近一年的现场普查工作，1979年底在密云县召开北京地区土壤普查阶段工作总结会，北京市土肥工作站谭学奇先生主持大会。会上丰台区徐振同根据菜田剖面形态的调查，提出在原有土壤母质基础上，经过长期人为活动，使原有土壤母质在发育过程中发生了很大变化，作为京郊长期种菜的园田土壤，能否区别于原有土壤母质，作为新的土壤类型进行划分。这个提案得到在场的中国科学院南京土壤所席承藩先生的重视，席先生提出：长期农业生产活动使土壤发育受到影响，菜园土壤可以考虑作为新的土壤单元进行划分，但要进行认真调查深入研究、丰富有关资料。

“菜园土的特征特性及培肥途径”国家自然基金会课题组成员（左三沈汉，右二张雪珍）

会后北京土壤学会有关专家十分关注席先生的意见，组成由沈汉先生为首的专家组，对“菜园土的特征特性及培肥途径”进行了系统地研究。该课题后被列入国家自然基金会项目“中国土壤分类系统”中“人为土”系列。课题组负责人龚子同研究员将菜园土介绍到国外，得到国际土壤学界的认可，并认为中国在该类“人为土”的研究中居世界先进地位。1992年国际土壤分类委员会主席H.ESWARAN在大会上指出：中国土壤分类可以作为亚洲土壤分类基础。台湾大学陈尊贤教授访问时说：“菜园土的发现及研究对国际土壤分类进展有重要意义，菜园土对土壤管理策略有指导意义。”

北京市农林科学院沈汉先生，丰台农业科学研究所张雪珍、徐振同、马淑英等同志先后对我国南京、洛阳、上海、广州郊区进行剖面调查，其中沈汉先生为此作了大量研究工作，丰台的菜园土剖面引起国际土壤学界的重视，先后有日本、美国等专家前来考察研究。该剖面样本现陈列在中国农业展览馆，作为重要历史资料。当时在北京土壤学会沈汉先生的提议下，征得有关部门同意将丰台区南苑乡时村菜园土剖面所在地，作为历史见证长期保护下来。

北京土壤学会常务副理事长刘宝存考察菜园土现场

1983年在华北土壤普查工作会议上，正式确认菜园土的分类地位，并以土属列入华北地区土壤分类系统中。

为了保存菜园土的剖面特征，北京土壤学会在北京市农林科学院植物营养与资源研究所刘宝存所长兼北京土壤学会常务副理事长的提议下，将丰台区老菜园土的剖面（现首都经贸大学南门外菜园土）原封保存，原位转移到北京市农林科学院新型肥料实验站（房山区农业科学研究所），开展菜园土长期定位研究。

北京土壤学会理事徐振同进行菜园土剖面调查

2.国际技术交流

北京土壤学会与美国施得乐集团公司就微量元素硼肥进行交流，在中国农业科学院召开研讨会，中国农业大学曹一平教授、北京市农林科学院植物营养与资源研究所刘宝存、赵同科研究员参加了交流大会，会上由施得乐先生介绍了硼肥的专利制作技术，赵同科研究员介绍了我国华北地区硫元素状况。会后施得乐一行应中国农业大学张福锁教授的邀请，来到中国农业大学实验室进行参观，并就微量元素进行了沟通。张福锁教授对施得乐先生的有关硼肥技术表示赞同，并表示以后就有关技术展开交流。翌日，施得乐一行到丰台农业园区进行考察，同时就有关农作物健康技术对有关技术人员进行培训。

北京土壤学会与美国施得乐集团联合召开微景元素研讨会参会人员合影

美国施得乐集团与北京土壤学会联合召开微量元素研讨会现场

施得乐一行在中国农业科学院合影留念

施得乐一行与张福锁教授等合影

施得乐先生参观试验现场

施得乐先生作农作物健康技术培训

3. 蔬菜配方施肥

1988年，全国第二次土壤普查结束后，为了配合国家“菜篮子工程”计划的实施，北京土壤学会特邀请了具有较高水平并有丰富实践经验的专家编写《蔬菜配方施肥》菜篮子工程丛书，以此指导北京各郊区县蔬菜施肥，该书以北京市农林科学院土壤肥料研究所黄德明研究员为主，北京市土肥工作站范淑文高级农艺师、海淀区农业科学研究所白刚义高级农艺师、丰台区农业科学研究所张雪珍高级农艺师、张兰芬等同志参加了编写工作。书中引用了天津农业科学研究院土壤肥料研究所赵振达先生1989年关于菜田土壤与大田土壤养分比较和中国农业科学院谢淑贞老师1985年关于各种作物含硼量比较的数据。参与本书编写的人员是长期从事施肥技术理论研究和生产的农业科技人员，具有比较深厚的理论素养和丰富的实践经验，因此这本书所介绍的技术在应用上具有较高的科学性和较强的实用性。对菜农在生产上、土肥工作者在技术上起到一定的指导作用，为京郊蔬菜配方施肥积极推广有重要使用价值。这本书前言由全国土壤肥料总站唐近春编写，于1989年5月出版。

《蔬菜配方施肥》

为了配合蔬菜配方施肥技术的推广，京郊老菜区丰台卢沟桥乡与丰台农业科学研究所以科研生产联合体的形式，筹建了北京市年产5 000吨配方复混肥生产厂。丰台区农业科学研究所指派出徐振同为技术人员，负责制定配方、组织生产，同时委派两名化验室技术人员承担肥料质量监控工作。该项工作得到北京土壤学会的专家大力支持，当时黄德明、张有山、吴多三等老师多次前往现场指导，北京市农业局磷肥公司在原料上给予大力支持。在北京土壤学会各位老师的支撑下，在上级各级领导的关怀下，该肥料厂为北京市郊区配方施肥工作提供了肥料保证。

4. 腐殖酸类物质在蔬菜育苗中的应用

随着城市的发展，蔬菜用量也随之增加，面积不断扩大，特别是70年代后期，设施蔬菜不断发展，蔬菜育苗就是重中之重，原先都是用马粪发酵后进行冬季育苗，因马粪数量有限以及腐熟问题，急需一种育苗基质替代马粪育苗。腐殖酸类物质在蔬菜育苗中的应用，是20世纪70年代在京郊蔬菜产区丰台区开始推广应用的，开始使用的是延庆康庄草炭，后来由于货源紧张，改用外埠草炭。北京近郊区蔬菜面积大，需要育苗的品种很多，草炭育苗的研究就是一个需要科研工作者帮助解决的问题。当时丰台区农业科学研究所在中国腐殖酸学会的协助下，在全国范围内选择草炭供应基地。主要基地有黑龙江省佳木斯市桦川县、哈尔滨市尚志县、吉林省吉林市舒兰县、辽宁省抚顺市、河北省唐山市丰润县、张家口市万全县榆林沟等地。这些地区的腐殖酸类物质为京郊地区蔬菜育苗作出了贡献，丰台区农业科学研究所，由徐振同同志负责，每年组织400个火车皮（约30 000米^3）运输草炭（泥炭）供应近郊蔬菜育苗。使用单位有北京丰台、海淀、朝阳农业局、中国农业科学院蔬菜花卉研究所、北京市农林科学院蔬菜研究中心，中国农业大学（原北京农大）。当时，北京土壤学会黄德明、吴多三先生，蔬菜学会陈殿奎、司亚萍先生在技术上给予极大支持。北京土壤学会还组织了华北八省市协作组多次到丰台区参观考察。丰台区为了扩大育苗面积，从美国引进蔬菜工厂化育苗设备，建成国内首家蔬菜工厂化育苗场示范工程（丰台花乡）。该项目通过专家鉴定，在研究应用推广方面处于国内领先地位。

卢沟桥配方肥料厂生产车间

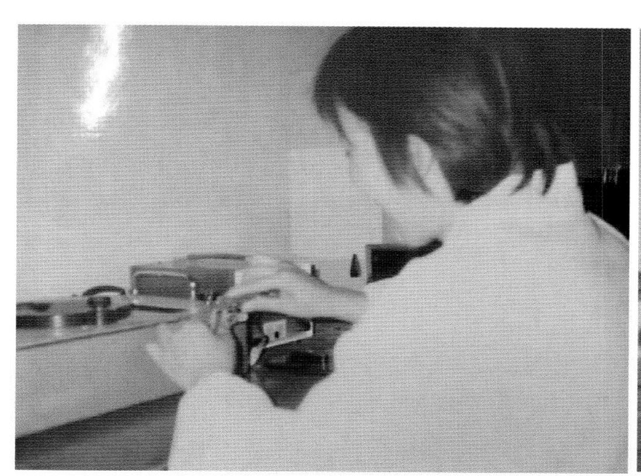
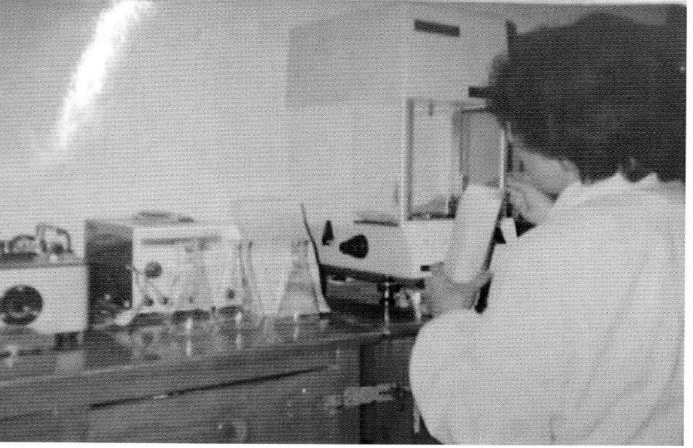

丰台区农业科学研究所化验室禹淑英、李秋兰同志协助肥料厂进行产品检测

蔬菜育苗现场

国际友人参观蔬菜育苗大棚

黄德明先生参加鉴定会

5. 园林废弃物循环利用

北京土壤学会在丰台区组织园林废弃物循环利用现场会，在学会的协助下丰台与美国威猛公司建立业务联系，在试验示范基础上，丰台区引进威猛切枝机十几台，为园林废弃物循环利用提供了方便。目前北京花乡花木集团，仍在使用威猛系列切枝机。

以城区集约化处理、城郊集中处理、乡村覆盖处理三类示范基地建设为龙头，密切结合丰台区城市化进程中景观农业、生态农业和休闲观光、都市型现代农业的发展，通过有机物生物处理技术、农林覆盖栽培技术的示范、推广、应用，为有效、合理地循环利用农林有机废弃物，减少农林废弃物处理的环境污染，改善农业生态环境，减少农业安全隐患，促进农业增效，农民增收提供技术支持。

北京花乡花木集团城区园林有机废弃物示范基地两年内累计集约化处理北京市丰台区西南三、四环及花卉大观园等地产生的农林有机废弃物20 000吨，形成有机肥料

威猛切枝机粉碎现场

北京花乡花木集团绿植废弃物处理厂房

土壤学会理事徐振同、北京花乡花木集团王海山先生与美国威猛集团总裁合影

北京花乡花木集团园林废弃物处理现场

5 000吨，按每吨500元计算为250万元，减少因废弃物运输和消耗费用20 000 吨，节省资金306万元，累计创造直接经济效益556万元。

十九、北京土壤学会服务“三农”，服务基层，服务乡村振兴

吴宗智（北京市大兴区长子营镇）

吴宗智是一名来自北京郊区农村基层的农业科技工作者，在郊区农村基层工作40多年，同时也是北京土壤学会的理事，他认为北京土壤学会在服务“三农”、服务基层、服务乡村振兴方面做了大量卓有成效的工作，现总结如下。

1.土壤是农业发展的基础

土壤是农业的基础工作。因此，北京土壤学会牢牢抓住土壤工作，在土壤普查科学规划、面源污染防控、科学施肥、重点农业培育等方面，开展了一系列工作。学会的工作特

点是下得去，做得细，能和村民打成一片，是村里的贴心人。由于踏实的工作作风，在与“三农”结合的同时推广了多项技术成果，培养了新型企业和新型农民，同时也促进了学会的科研工作，提高了科研人员的专业水平。

吴宗智是1975年开始在大兴县长子营镇做农业技术推广工作的。根据他的记忆，长子营镇于1998年正式和北京市农林科学院建立合作关系，同时和北京土壤学会开始了长达20年的合作，为了提升全镇农业的科学水平，打造生态镇的品牌亮点，首先做的就是科学规划和科学决策，1999年，长子营镇请北京土壤学会对当时全镇的420块地进行了土壤背景值调查。吴玉光、成春彦先生住在村里，白天带队到田间取土，晚上在村里为农民义务讲课，普及土肥知识，农民对此很是感动。根据土壤普查数据，相关部门制定了长子营镇的现代农业发展规划，调整了种植结构，确定了生态强农的发展道路。从第一次土壤普查后，学会又先后于2005年和2012年两次帮助长子营镇进行了土地调查，并根据调查结果提出土壤改良建议和技术措施，而且对产业发展提出建议，基于这些科学依据和有效措施使长子营镇形成了具有显著生态优势和优质果蔬产业特色的生态镇，有了北京生态第一镇之称。全镇形成了以10千米民安路休闲观光产业带为轴线的南果北菜的生态镇特征。随着新机场的建成还被确定为航空食品基地，全镇的生态资源进一步得到提升与利用，湿地公园和森林公园得到进一步建设和发展，同时也为学会服务基层乡镇科学决策和支持产业发展创造了经验典型。

学会联合企业组织的科普活动现场

2.助力产业升级，培育产业亮点

北京土壤学会为了帮助长子营镇建设有机农业示范区，委派学会理事李吉进先生长期吃住在留民营村，发现问题及时解决并在田间开展了长达15年的定位观测，同时在示范区建立了试验站，专家们还帮我们撰写项目申请书及项目规划。邹国元等专家也参与项目答辩，在专家的支持下，示范区解决了一个又一个技术难题，助力留民营保持全国生态第一村的荣誉和生态产业的发展，现在园区已经是全国科普示范基地2A级旅游景区。

学会在河津营千亩生菜基地建设中也是积极组织力量，并协调相关学科专家开展技术攻关，使生菜的产品质量和产量明显提高，并带动周边多个村发展叶菜类生产，种植规模

李吉进（右五）研究员向专家、领导汇报沼液施肥技术

达到8 000亩，是呷哺呷哺餐饮管理有限公司的生产供应基地。河津营村被农业部命名为国家级生菜专业村，使长子营镇的叶菜生产独具特色，蔬菜生产已经成为长子营镇的特色产业，也是当地的主要经济来源，长子营镇是大兴区的蔬菜生产重点镇之一。在服务支持产业提升的同时，学会也建立了自己的试验示范基地，并为本地打造出了产业亮点，二十年来学会组织力量先后支持长子营镇建设5个现代农业示范园区。在全市起到了引领示范作用，开展技术攻关12项，使技术效益得到了充分体现。

3.促进农业科技成果的转化和普及，提高农民素质

在与北京土壤学会二十年的合作中，一直是以技术服务为切入点，以农民需求为工作目标。学会通过示范区建设、专家驻村、建立试验站、套餐式科技服务等多种形式在长子营镇示范推广，如面源污染防控、土壤重金属防治、循环农业、土壤连作障碍、科学培肥土壤、新型肥料应用、水肥一体化等多项科技成果。与此同时提升了农民的科学素质，培养出了留民营村有机农业专家张希庆、河津营蔬菜能手吴连富、白庙村宗保珍、北浦州村景长勇等多名善经营、会管理的技术人才。

学会急农民所急，及时为民排忧解难。2000年，刚实施合乡并镇，将城营村二队并到长子营镇。这个村有一块100多亩的土地，一直以来村民都认为这块地在20世纪80年代用过一种化工产品，只长小麦不长玉米。于是村民收获下茬玉米不上交粮食（当时种地还要向村里交粮），干群矛盾很大，新上任的支部书记尤春哲压力很大，希望农业技术人员帮助解决这个问题。吴宗智联系北京土壤学会，学会当即组织专家深入实地调查检测，很快解决了这一困扰多年的技术难题，既促进了产业发展，又使干群关系更加紧密，维护了村里的稳定局面，受到了群众的一致好评。

4.几点体会

（1）吴宗智认为从事农业方面工作的学会只有积极与农业生产结合，与农民结合，科技成果才能得到快速的转化和推广，才能使自身得到发展和提升，才能实现自我价值。

（2）为“三农”服务，要有一种奉献精神和吃苦耐劳的精神和工作作风，这一点应向

老一辈农业专家学习。

（3）农业技术人员只有沉下去到田间去，到农村农民中去，同农民打成一片，才能使自己得到锻炼和成长，尤其是从事推广的技术人员。

（4）只有了解“三农”，才能服务“三农”，才能有为于“三农”。

作为一名长期在北京郊区基层工作的农业科技工作者，吴宗智见证了北京土壤学会二十年如一日，服务一个乡镇农业产业发展。他特别感谢北京土壤学会的各位专家，多年来不辞辛苦为长子营镇现代农业发展的忘我工作和无私奉献，并特别感谢刘宝存先生及相关专家对他本人的关心和帮助。

二十、科技助力有机农业的发展

赵玉忠（北京北菜园农产品产销专业合作社）

北菜园始于2007年，2009年园区合作社成立后，北菜园经营470亩地，定位为以有机农业为核心，在生产的过程中需要严格按有机标准种植，相应的对于土壤、水等条件的要求非常高，在此基础上北菜园合作社联系了北京土壤学会，从土壤检测、施肥等多个方面全方位的合作，学会副理事长兼秘书长刘宝存多次带着专家团队对北菜园合作社的蔬菜生产进行全面指导，同时对大棚灌溉水、土壤进行监测并开展肥料对比试验。

土壤监测可以了解土壤养分的动态变化状况，根据所种品种的需肥特征及时调整施肥方案，植物缺啥补啥，根据植物的吸收特征及土壤的供肥状况，结合科学施肥的数据分析，有计划供肥，对合作社的科学施肥提供了基础数据支撑，不仅杜绝了肥料的流失和浪费，节约了成本，还减小了劳动强度，保证了农产品的品质和安全，保证土壤可持续良性循环利用，做到了养地用地相结合，让生产者明白了耕地科学合理配方施肥的重要性和农田土壤培肥地力与提高耕地质量的紧迫性。

常务副理事长刘宝存带着专家团队对北菜园进行技术指导

在生产过程中由于有机种植的高标准，不能使用任何化学投入品，距合作社不远处是有机奶生产基地，基地的牛粪、沼渣成为北菜园优质肥料的来源。经专家指导，北菜园每天产生的废菜叶也被回收粉碎，和牛粪、鸡粪等一起经科学配方加工处理成优质有机肥，并全量还田。

科学试验助力——沼液“浇出”有机菜。北菜园合作社配合学会积极试验利用沼液在蔬菜生产过程中进行追肥使用。沼液在沼气池中经过充分发酵后，能为植物生长提供所需的各种水溶性养分，包括大量元素和微量元素以及各种水解氨基酸等，可保证有机农产品的安全，同时又减少环境污染，促进了有机农业的良性循环发展。北京土壤学会组织相关专家将当时最新的研发成果——“沼液滴灌施肥工程化技术”在留民营村全自动基础上改进后，落地北菜园合作社，大大降低了沼液的使用成本，同时解决了有机农业生产的追肥问题，为其有机农业发展提供了强有力的支持，也为北京市有机蔬菜的发展探索了一种全新的模式，目前这种模式已在北京等地区广泛应用。

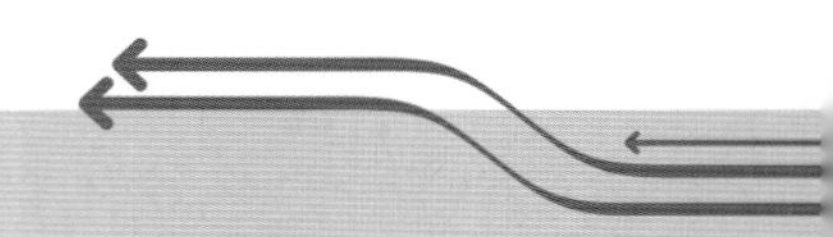

附录1 获奖与表彰

一、国家级学会奖

1.中国土壤学会科学技术奖（北京土壤学会会员单位）

年度	获奖等级	获奖项目	获奖单位	获奖者
2006	二	我国人工林主要造林树种地力退化机理及其防治技术途径	中国林业科学院林业所等	杨承栋、吴晓芙、焦如珍、孙翠玲、林思祖、俞元春、孙启武、胡日利、曾满生
2008	一	间套作体系根际效应促进养分资源高效利用的机理研究	中国农业大学等	李隆、张福锁、左元梅、孙建好、吴华杰、郭天文、胡志桥、杨思存、刘生站、陈伟、杨文玉
2012	二	中国丛枝菌根真菌种质资源研究与应用	北京市农林科学院植物营养与资源研究所	王幼珊、张淑彬、邹国元、刘宝存、倪小会、孙焱鑫、吴琼、张美庆、邢礼军
2013	一	我国农田土壤有机质演变规律与提升技术	中国农业科学院农业资源与农业区划研究所等	徐明岗、张文菊、黄绍敏、朱平、杨学云、黄庆海、聂军、石孝均、吴春艳、娄翼来
2013	二	我国重要沿湖地区农业面源污染防控与综合治理技术研究与应用	北京市农林科学院植物营养与资源研究所等	刘宝存、赵同科、马友华、熊桂云、谢德体、刘强、洪丽芳、刘兆辉、张国印
2013	二	区域养分资源综合管理技术研究与应用	北京市土肥工作站、北京市顺义区农业科学研究所等	赵永志、贾小红、王胜涛、曲明山、郭宁、闫连波、王崇旺、陈宗光、鲁宏斌
2014	二	沼液滴灌技术研究与应用	北京市农林科学院植物营养与资源研究所等	李吉进、刘智、孙钦平、刘本生、许俊香、高利娟、刘东生、刘宝存、田全升
2016	二	农业主产区典型耕地地力提升技术研究及应用	中国农业科学院农业环境与可持续发展研究所等	曾希柏、黄道友、魏朝富、宇万太、刘兆辉、李秀军、魏丹、李录久、马强
2016	二	华北农区地下水硝酸盐时空变化及其污染脆弱性评价与污染防控	北京市农林科学院等	赵同科、张成军、李鹏、刘宝存、张国印、李明悦、石璟、牛世伟、郭占玲

（续）

年度	获奖等级	获奖项目	获奖单位	获奖者
2018	一	我国典型旱作农田土壤氮素转化与环境效应的基础研究	中国农业大学等	巨晓棠、谷保静、苏芳、胡克林
2018	二	东南红壤区农田酸化特征及防治技术	中国农业科学院农业资源与农业区划研究所等	徐明岗、徐仁扣、周世伟、马常宝、李九玉、文石林、张会民、蔡泽江、周海燕
2019	二	东北农田黑土有机质提升关键技术研究与示范	中国农业科学院农业资源与农业区划研究所、北京市农林科学院植物营养与资源研究所等	魏丹、迟凤琴、王立刚、金梁、王秋菊、汪景宽、刘慧颖、梁玉成、朱平

注：中国土壤学会科学技术奖2006年设立第一届，每年一届。以上获奖单位是经北京土壤学会推荐的会员单位。

2. 中国土壤学会奖（北京土壤学会会员）

年度	获奖者	性别	工作单位
2004	金继运	男	中国农业科学院土壤肥料研究所
	李保国	男	中国农业大学资源与环境学院
2008	陆雅海	男	中国农大资环学院
2012	贺纪正	男	中国科学院生态环境研究中心
	张维理	女	中国农业科学院农业资源与农业区划研究所
2016	曾希柏	男	中国农业科学院农业环境与可持续发展研究所

注：中国土壤学会奖2004年设立第一届，每四年评选一次，以上是经北京土壤学会推荐并获奖的会员。

3. 中国土壤学会优秀青年学者奖（北京土壤学会会员）

年度	获奖者	性别	工作单位
2008 第一届	范明生	男	中国农业大学资源与环境学院
	李兆君	男	中国农业科学院农业资源与农业区划研究所
	胡克林	男	中国农业大学
	马常宝	男	全国农业技术推广服务中心
2012 第三届	崔振岭	男	中国农业大学资源与环境学院
	张文菊	女	中国农业科学院农业资源与农业区划研究所
	沈重阳	男	中国农业大学
	王胜涛	男	北京市土肥工作站
2014 第四届	万小铭	女	中国科学院地理科学与资源研究所
	段英华	女	中国农业科学院农业资源与农业区划研究所
	张卫峰	男	中国农业大学资源与环境学院
	郑磊	男	全国农业技术推广服务中心

（续）

年度	获奖者	性别	工作单位
2016 第五届	肖波	男	中国农业大学
2018 第六届	贾小旭	男	中国科学院地理科学与资源研究所
	黄来明	男	中国科学院地理科学与资源研究所

注：中国土壤学会优秀青年学者奖2008年设立第一届，每两年一届，以上是经北京土壤学会推荐并获奖的会员。

4.中国土壤学会先进奖（北京土壤学会和会员）

2008年在中国土壤学会第十一届会员代表大会上，北京土壤学会被授予（2004—2008年度）优秀学会奖和先进集体，北京土壤学会徐建铭被评为中国土壤学会（2004—2008年度）先进工作者。

荣誉证书

北京土壤学会：

被我会评为2004-2008年度中国土壤学会“优秀学会”。

二〇〇八年九月

2012年在中国土壤学会第十二届会员代表大会上，北京土壤学会被授予（2008—2012年度）优秀学会奖和先进集体，获得硫肥特殊贡献奖2项；刘宝存被评为（2008—2012年度）先进工作者。

二、北京市科学技术协会奖

1.先进集体奖

1989年北京土壤学会“土肥工作为农业适度规模经营服务”活动被评为北京市科学技术协会最佳学会活动。

1990年北京土壤学会在1988—1989年度被评为北京市科学技术协会先进集体。

1992年北京土壤学会获得北京市科学技术协会“金桥工程”组织三等奖。

1993年北京土壤学会植物营养和土壤学组“专用复混肥技术”获得北京市科学技术协会“金桥工程”一等奖。

1994年袁国伦主持的“稀土在农作物上应用”获得北京市科学技术协会颁发的北京市金桥工程项目奖二等奖。

1997年刘广余主持的“沸石包衣尿素及复合肥推广”获得北京市科学技术协会颁发的北京市金桥工程项目奖三等奖。唐菖蒲种球繁殖技术应用获北京市金桥工程项目奖鼓励奖。

2000年北京土壤学会获北京市科学技术协会1998—1999年度表扬学会奖。

2000年北京土壤学会在财务统计方面获得北京市科学技术协会财务统计先进单位。

2001—2005年连续五年在北京科技周活动被评为组织工作奖。

2002年北京市科学技术协会9月份学术月。北京土壤学会在这次学术月中共开展九次活动，并获得北京市科学技术协会二等奖。

2006年北京市科学技术协会授予北京土壤学会表扬学会奖。

2009年北京土壤学会获得先进单位称号。

2010年北京土壤学会获北京市科学技术协会科技套餐工程先进集体。

2011年获北京市科学技术协会科技套餐工程（科技下乡）先进集体。

2011年北京土壤学会获得北京市科学技术协会先进集体。

2011年北京土壤学会获得北京市科学技术协会财务统计工作先进集体。

2012年北京土壤学会获得北京市科学技术协会先进集体（2007—2011年度）。

2012年获北京市科学技术协会科技套餐工程先进集体（2006—2011年度）。

2013—2014年度获得北京市科学技术协会系统优秀调研成果二等奖。

2016年北京土壤学会主持“我国蔬菜废弃物处理现状及其技术需求”的建议，获北京市科学技术协会系统科技工作者建议三等奖。

2016年北京土壤学会主持“北京市农业土壤环境质量时空变化、评价与影响因素分析”获北京市科学技术协会系统优秀调研成果二等奖。

2.先进个人奖

2000年北京土壤学会徐建铭被北京市科学技术协会评为“1998—1999年度”先进工作者。

2007年北京土壤学会徐建铭被北京市科学技术协会评为第四届北京市科学技术协会先进工作者。

2009年北京土壤学会安志装被评为科技下乡和科技套餐有突出贡献的专家，徐建铭获得北京市科学技术协会先进个人。

2011年北京土壤学会刘宝存获北京市科学技术协会科技下乡突出贡献的科学家；徐建铭获得先进个人。

2012年北京土壤学会刘宝存获北京市科学技术协会“科技下乡特殊贡献奖”，徐建铭获北京市科学技术协会先进个人奖。

北京土壤学会：

你会土、肥工作为农业适度规模经营服务活动被评为一九八九年北京市科协最佳学会活动。

北京市科学技术协会

一九九〇年元月

北京土壤学会

在1988—1989年度学会工作中成绩显著，被评为北京市科学技术协会先进集体

北京市科学技术协会

一九九〇年元月

证书

为鼓励在实施“星火计划”，促进乡镇企业和广大农村科学技术进步，振兴地方经济中做出重要贡献的单位或集体，特颁发此证书，以资表彰。

项目名称：果树系列配方复合肥的开发与应用

奖励类别：星火科技

奖励等级：叁等

获奖单位：北京市林业局果树处
北京市天竺苗圃
北京市果树学会
北京土壤学会
北京农学院

北京市星火奖评审委员会

一九九一年二月九日

奖励证书

沸石包衣尿素及复合肥
推广
荣获北京市金桥工程
项目奖 三 等奖

NO：970032

北京市科学技术协会
一九九 年 月

奖励证书

唐菖蒲种球繁殖
技术应用
荣获北京市金桥工程
项目奖 鼓励 等奖

NO：970090

北京市科学技术协会
一九九七年十二月

荣誉证书

北京土壤学会
被评为1998—1999年度
表扬学会

北京市科学技术协会
2000年5月

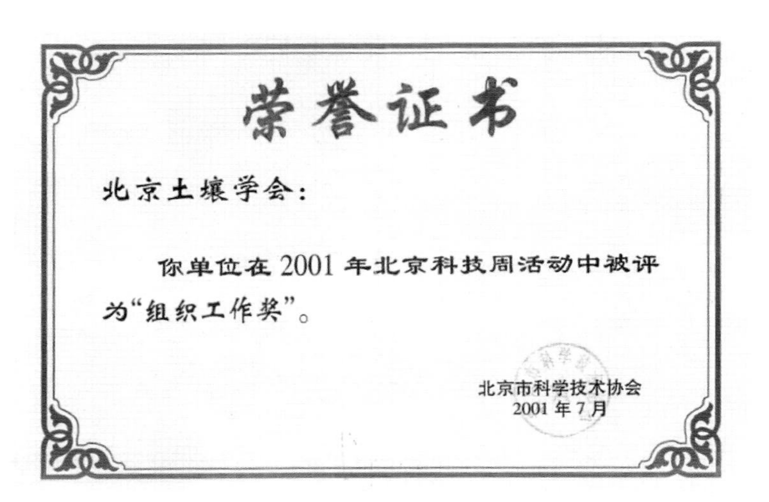
荣誉证书

北京土壤学会：

你单位在2001年北京科技周活动中被评为“组织工作奖”。

北京市科学技术协会
2001年7月

荣誉证书

北京土壤学会：

你单位在2002年北京科技周活动中被评为“组织工作奖”。

北京市科学技术协会
2002年7月

荣誉证书

北京土壤学会：

你单位在2003年北京科技周活动期间，工作成绩突出，特颁发“组织工作奖”，以资鼓励。

北京科技周组委会办公室
2003年12月

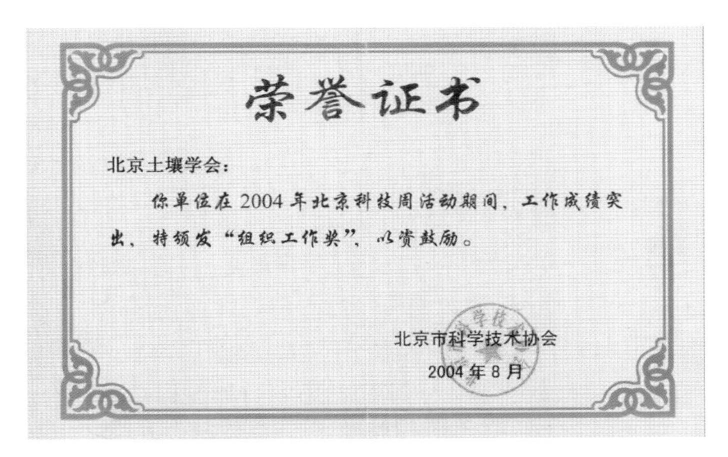

荣誉证书

北京土壤学会：

你单位在2004年北京科技周活动期间，工作成绩突出，特颁发“组织工作奖”，以资鼓励。

北京市科学技术协会
2004年8月

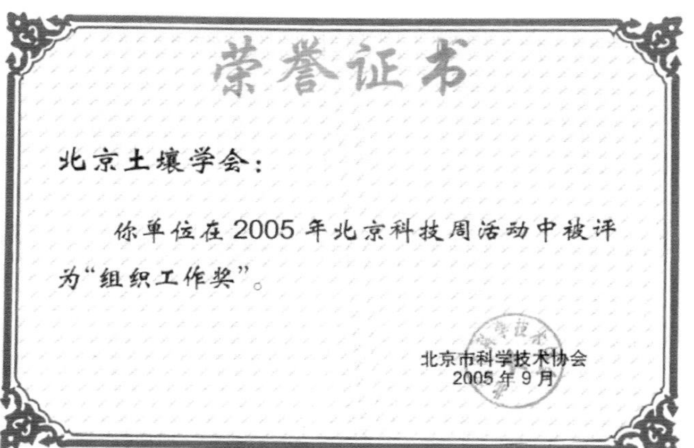

荣誉证书

北京土壤学会：

你单位在2005年北京科技周活动中被评为“组织工作奖”。

北京市科学技术协会
2005年9月

北京市科学技术协会

表扬学会

二〇〇六年二月

3. 青年演讲比赛奖

1992年北京市科学技术协会组织第二届茅以升青年优秀科技奖活动，北京土壤学会上报四篇论文，有2篇中奖，另有1篇被推荐中国科学技术协会评奖（北京市113个学会，共评13人）。

2009年北京市科学技术协会举办的青年学术演讲比赛中，北京土壤学会推荐的3名选手获得2个3等奖、1个优秀奖，北京土壤学会获得优秀组织奖。

2010年北京市科学技术协会青年演讲赛中北京土壤学会获一名优秀奖，一名获鼓励奖，另学会获得北京市科学技术协会第十一届北京青年学术演讲比赛优秀组织奖。

2013年获得北京市科学技术协会第十五届北京青年学术演讲比赛优秀组织奖。

2014年在北京市科学技术协会优秀青年论文赛中，获得二等奖（中国地质大学）、优秀奖（中科院地理所）各一项，北京土壤学会获得第十五届北京青年学术演讲比赛优秀组织奖。

2015年在北京市科学技术协会优秀青年论文赛中北京土壤学会参赛者获得两项三等奖，一项鼓励奖。

2019年获北京市科学技术协会“第十二届北京青年学术演讲比赛”优秀组织单位。

三、其他奖励

1991年北京土壤学会项目“果树系列配方复合肥的开发与应用”被评为星火科技三等奖。

2005、2009年北京土壤学会均被首都精神文明建设委员会评为北京市精神文明单位。学会徐建铭被评为首都精神文明先进个人。

2011、2017年北京土壤学会均在中国社会组织评估等级中被评为4A级学会。

2019年联合国粮食及农业组织、全球土壤伙伴关系、土壤健康与可持续发展国际研讨会组委会授予徐明岗、刘宝存、赵永志等10名北京土壤学会会员土壤保护突出贡献科学家。

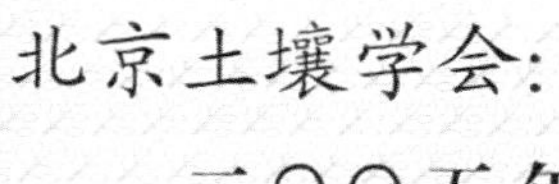

北京土壤学会:

二〇〇五年度被评为首都文明单位。

特此表彰

首都精神文明建设委员会

二〇〇六年三月

荣誉证书

北京土壤学会:

你单位在2011年度社会组织等级评估中被确定为4A级。

特发此证

北京市民政局

二〇一一年十二月

中国社会组织评估等级证书

北京土壤学会:

你单位在2016年度社会组织等级评估中被确定为4A级。

特颁此证

有效期:2017年1月-2021年12月

北京市民政局

二〇一七年一月

土壤保护突出贡献科学家
Outstanding Contribution Scientists in Soil Conservation
GLOBAL SOIL PARTNERSHIP
Food and Agriculture Organization of the United Nations
土壤健康与可持续发展国际研讨会组织委员会
Organizing Committee of International Symposium on Soil Health and Sustainable Development

2008年学会在第十届会员代表大会上为部分老科学家颁发荣誉证书

2008年学会在第十届会员代表大会上为青年科技工作者颁发荣誉证书

第六届会员代表大会现场

3. 第七届会员代表大会

第七届会员代表大会毛达如理事长作报告

第七届理事会现场

4. 第八届会员代表大会

第八届会员代表大会合影

第八届会员代表大会现场

5. 第九届会员代表大会

第九届会员代表大会合影

6. 第十届会员代表大会

第十届会员代表大会合影

第十届会员代表大会现场

7. 第十一届会员代表大会

第十一届会员代表大会合影

8. 第十二届会员代表大会

第十二届会员代表大会合影

第十二届会员代表大会会场

（二）历届常务理事会

2006年常务理事合影

2007年常务理事合影

2008年常务理事会

2010年常务理事合影

2012年常务理事合影

2015年常务理事合影

2016年常务理事会

2017年常务理事会

2018年常务理事会

2019年常务理事会

二、参加全国会议

（一）中国土壤学会会议

北京土壤学会代表参加中国土壤学会学术年会

北京土壤学会代表参加中国土壤学会1991年学术年会

北京土壤学会代表参加中国土壤学会七届一次理事会

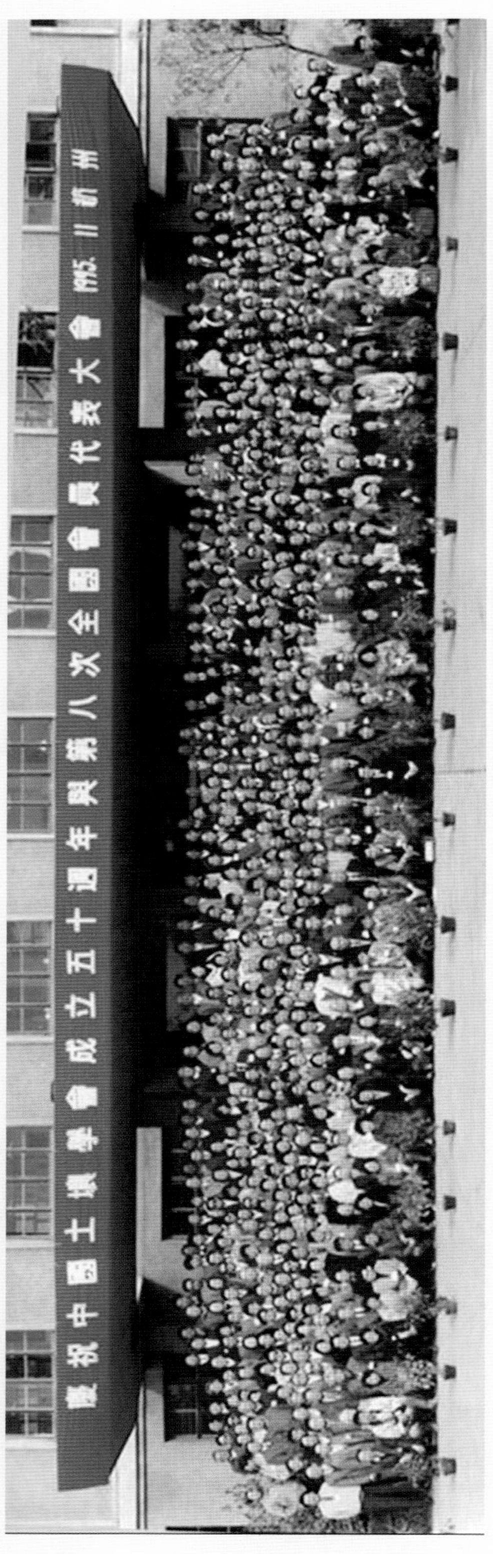

1995年北京土壤学会代表参加中国土壤学会成立50周年暨第八次全国会员代表大会

1999年中国土壤学会第九次代表大会北京土壤学会代表合影

2004年中国土壤学会第十届常务理事会代表合影

2008年学会协办中国土壤学会第十一届全国会员代表大会现场

2016年中国土壤学会第十一届全国会员代表大会现场

2015年中国土壤学会70周年大会合影（北京土壤学会李保国、徐明岗、曾希柏、焦如珍等参加）

2017年中国土壤学会第十三届二次理事扩大会议（北京土壤学会李保国、徐明岗、赵同科、焦如珍、吴克宁、曾希柏等参加）

中国土壤学会2017年年会

中国土壤学会2018年年会

（二）中国植物营养与肥料学会会议

北京土壤学会代表参加中国植物营养与肥料学会2014年学术年会

中国植物营养与肥料学会2015年学术年会

中国植物营养与肥料学会2016年学术年会

中国植物营养与肥料学会第九届理事会党员大会

中国植物营养与肥料学会2017年学术年会

中国植物营养与肥料学会2018年学术年会

中国植物营养与肥料学会2019年学术年会

（三）其他全国性会议

2009年中国肥料业专家年会首家土地专家医院揭牌仪式合影（北京土壤学会刘宝存、白由路等参会）

2007年全国农田土壤质量与碳氮循环学术研讨会合影（北京土壤学会徐明岗、刘宝存、赵同科等参会）

2019年全国农业固废资源化利用产业大会合影（北京土壤学会贾小红等参会）

全国第十届新型肥料开发与应用技术交流年会合影（北京土壤学会刘宝存、曹一平等参会）

2002年全国新型肥料与废弃物农用研讨展示交流会合影（北京土壤学会黄鸿翔、刘宝存、陈同斌、王旭等参会）

第五届露地蔬菜生产生态施肥策略国际研讨会合影（2015年）

三、青年学术演讲赛

1997年北京土壤学会中青年优秀论文交流与评选活动

2009年北京土壤学会青年学术论文演讲赛获奖者合影

2011年北京土壤学会青年科技人员高层次学术论坛现场

2013年北京土壤学会青年优秀论文演讲赛

2014年北京土壤学会青年博士优秀论文演讲赛

2015年北京土壤学会青年博士论文演讲赛

2016年北京土壤学会青年学术论文中英文演讲赛

2017年北京土壤学会青年学术论文演讲赛

2018年北京土壤学会青年学术演讲赛

2019年北京土壤学会青年学术演讲比赛

四、科技下乡、调研

1981年徐督同志在密云县栗棒寨山区考察

1983年5月司马台、古北口一带紫色页岩山地土壤考察

1983年9月延庆县砂累子滴水湖

1983年10月延庆县古城水库安山岩质大山砾岩

1983年10月延庆县晏家堡钙质砾岩

1984年4月怀柔郭家坞红黄土丘陵农田

1985年9月5日黄德明（右一）、王幼珊（右二）在门头沟考察

1985年9月6日鲜艳险峻的石灰岩山地考察

1985年10月24日石灰岩山地的柿子丰收

1986年4月23日学会秘书长徐督（前排左五）考察门头沟清水镇燕家台

1987年张有山（左一）、张美庆（右一）等陪联合国科学基金人员考察VA菌根保存库

1989年日本专家（左一）参观门头沟区西范沟

1990年国际土壤代表大会代表参观房山窦店（右二为席承藩院士）

1996年10月29日学会组织专家对延庆四海镇进行实地考察
（张有山副理事长左一、刘宝存秘书长右一）

1997年学会副理事长邢文英在北京郊区考察

2001年学会副理事长张凤荣带学生在门头沟调查

2003年世界土壤学会主席达库里昂（左一）在北京门头沟考察土壤

2011年学会副理事长高祥照（左四）指导昌平水肥一体化技术推广

2011年北京农业多学会联合在长子营开展蔬菜育苗科普活动

2012年北京土壤学会在平谷区太平庄村组织召开棒状肥应用技术研讨会

2012年学会专家考察大兴长子营有机蔬菜

2012年学会秘书长徐建铭（左七）到房山肥料厂调研

2014年刘宝存（右五）、徐建铭（右四）、徐振同（右三）、孙焱鑫（右一）、左强（左一）到北京金滩多无公害草莓示范基地调研

2014年北京土壤学会常务副理事长刘宝存（左二）等到丰台草莓种植基地进行技术指导

2014年学会徐建铭（左四）等参加密云科技下乡活动

2014年学会徐建铭（右三）、李吉进（右一）等到留民营有机肥料厂调研

2014年学会邀请北京市科学技术协会社团服务中心张洪博主任（左四）等领导和专家考察长子营

2014年学会常务副理事长刘宝存（左三）到大兴专业合作社考察

2015年学会常务副理事长刘宝存（右三）等专家在房山组织技术推广会

2018年北京市农委寇文杰调研农业废弃物处理中心

2018年北京农业农村局胡玉根处长与学会调研组专家到平谷调研

2018年平谷科学技术协会邀请专家调研生态桥项目

2018年学会对平谷西营水肥一体化装备验收

学会副理事长吴建繁等在田间地头讲解施肥技术

2019年学会专家到山东青州沃泰农业废弃物处理中心考察

2019年学会专家对山东南张楼村田园综合体进行调研

2019年学会专家到浙江安吉余村调研

2019年学会专家对江苏溪田田园综合体进行调研

2019年学会专家调研杭州鲁家村农业农村绿色发展

2019年学会专家对平谷峪口镇大桃提质增效早春指导

五、历届理事长、副理事长、秘书长照片

学会理事长李连捷（左三）等考察西范沟

学会秘书长蒋有绎（左四）等考察郊区

学会理事长毛达如（右一）等考察密云水库

学会理事长毛达如作报告

2002年学会副理事长邢文英（右二）参加平衡施肥研讨会

2004年学会副理事长张凤荣（左四）和吴克宁（左二）等参加俄罗斯彼得罗扎沃茨克（Petrozavodsk）国际土壤分类会

2004年学会副理事长刘宝存（右一）、秘书长徐建铭（左一）与朱兆良院士（左二）、周健民先生（右二）会间合影

2005年学会副理事长张福锁（左一）和高祥照（左二）参加第十五届国际植物营养大会

2005年学会副理事长高祥照、吴建繁等在郊区考察

2005年北京土壤学会常务副理事长刘宝存（左一）、北京农学会理事长陶铁男（右一）陪同刘更另（左二）院士考察留民营

2006年学会副理事长高祥照（右二）等考察台湾土壤调查试验中心

2007年学会常务副理事长刘宝存（右二）、曾希柏（右三）等考察全国科普基地

2008年学会理事长黄鸿翔（右）、副理事长张有山（左）会上合影

2008年学会副理事长张福锁（右）、监事长赵同科（左）参加中国土壤学会第十一届全国会员代表大会

2008年学会理事长李保国（左）等参加会议

2008年学会秘书长徐建铭（一排左三）与青年学生合影

2008年学会监事长赵同科（左一）、常务副理事长刘宝存（左二）、王旭（左三）等参加中国土壤学会第十一届全国会员代表大会

学会副理事长王旭、张有山、刘广余参加北京土壤学会第十届会员代表大会

2008年张有山、张万儒与龚子同在中国土壤学会第十一届全国会员代表大会

2008年刘宝存（右二）、徐建铭（左三）、张有山（左一）3位不同时期学会秘书长等去台湾大学交流合影

2008年刘宝存（右一）、张有山（右二）、刘广余（右三）、刘立伦（左三）、蒋有绎（左一）5位不同时期的学会秘书长合影

2011年学会副理事长高祥照（左一）指导北京市水肥一体化示范推广

2011年学会副理事长张福锁（左二）、李荣（左一）甘肃考察

2014年学会副理事长田有国（右三）、贾小红（右一）到房山考察北京土壤博物馆

2016年学会副理事长李云伏（左四）在第十一届会员代表大会上

2017年学会副理事长陈同斌（右）解读“土十条”

2017年学会副理事长李荣（左）与梁家河老书记梁玉铭合影

2017年学会副理事长廖洪（右二）参加培训

2018年学会副理事长赵永志（左）获奖

学会副理事长吴克宁在演讲赛上与获奖者合影

2018学会副理事长黄元仿（右一）、贾小红（左一）为青年学者颁奖

学会副理事长焦如珍（右一）、监事长赵同科（左一）等参加学会会议

2018年学会副理事长王旭在农业面源污染研讨会上作报告

2019年学会理事长徐明岗等考察广州红壤

学会副理事长张彩月（左一）、焦如珍（右一）和青年学者合影

2019年常务副理事长刘宝存与平谷区科学技术协会、北方金果丰产销专业合作社共同承担北京市科学技术协会项目

2019年本书部分编著者合影

从左到右依次为：刘宝存、杨承栋、张有山、李棠庆、胡莉娜、刘立伦、徐建铭、曹一平、刘晓铭、张凤荣

图书在版编目（CIP）数据

足迹：北京土壤学会62年：1957—2019/刘宝存，张有山主编．—北京：中国农业出版社，2020.10
ISBN 978-7-109-27271-2

Ⅰ.①足… Ⅱ.①刘…②张… Ⅲ.①土壤学-学会-中国-1957-2019-纪念文集 Ⅳ.①S15-262

中国版本图书馆CIP数据核字（2020）第166976号

足迹　北京土壤学会62年　1957—2019
ZUJI　BEIJING TURANG XUEHUI 62 NIAN　1957—2019

中国农业出版社出版
地址：北京市朝阳区麦子店街18号楼
邮编：100125
责任编辑：郭晨茜
版式设计：杜　然　　责任校对：沙凯霖
印刷：北京通州皇家印刷厂
版次：2020年10月第1版
印次：2020年10月北京第1次印刷
发行：新华书店北京发行所
开本：787mm×1092mm　1/16
印张：17
字数：380千字
定价：300.00元